5分鐘

おくすり味噌汁114

味噌湯療

簡單×省時×對症

用114道料多味美的味噌湯喝出每日健康

國際中醫藥膳師
日本人氣食物調理搭配師
大友育美——著

李韻柔——譯

五代中醫 > 蘊含精妙的營養組合，是全能的健康食材！

—— 張維鈞 「台南家傳五代中醫」台中濟生中醫診所院長

味噌，是流傳千年的最佳養生食材。

我們都知道蛋白質主要是由20種胺基酸組成，其中9種人體無法製造，必須由食物中獲取，稱為「必需胺基酸」。黃豆的必需胺基酸少了「甲硫胺酸」，穀類則是缺少「離胺酸」，兩者若能搭配使用，所有必需胺基酸就都齊全了。味噌正好是由豆類和穀類共同製作，堪稱最佳營養組合。

人類的胃腸不易消化豆類，如果直接煮食，恐怕會面臨消化不良、脹氣、腹瀉的窘境。味噌雖為豆類製品，但不會有這樣的問題，因為在發酵的過程中，麴菌分解豆類中的蛋白質成為容易消化吸收的胺基酸型態。

不僅如此，麴菌發酵過程也會產生大量天然維生素B群，具有健胃整腸、幫助消化的功能。平時緊張忙碌、壓力大的人，胃腸系統容易受到抑制，進而衍生出一系列腸胃病，最後整體健康為之下滑，而維生素B群和酵母菌正是解決此一問題的有效方法，也難怪屬於高壓民族的日本還能夠位列「長壽國度」之一！

現今人人談癌色變，殊不知黃豆中所含的「大豆異黃酮」是超級防癌利器，尤其是異黃酮當中的金雀異黃酮（Genistein）成分。這點由「豆類攝取較多的地區罹患生殖系統癌症的人數，遠遠低於較少食用豆類的地區」就可看出。例如，之前美國健康基金會的里歐納博士曾指出：加勒比海地區及

墨西哥婦女罹患乳癌的比率遠低於美國，她們每天都會吃四分之三杯的豆類，相較於美國非裔婦女每週只吃三次，美國白人婦女每週吃不到兩次，就有明顯不同。

另外，赫爾辛基大學的赫門博士曾對日本京都附近一個遵守傳統飲食的村民進行研究，結果發現吃最多黃豆的人的尿液含有最多抗癌成分，尤其是對抗乳癌和前列腺癌的成分最多。

由此看來，屬於黃豆製品的味噌，不僅是屬於婦女的保健良品，對男性也同樣有莫大的裨益！難怪能夠流傳數千年，是個不可多得的全能保健食材！在此由衷推薦給大家！

日本人妻 > 愛無限的幸福味噌湯

—— 蔡慶玉　旅日作家

味噌湯是日本人的精神食糧，Soul Food。
求婚時，會含蓄的試探，「妳願意每天早上為我煮味噌湯嗎？」
可見得能喝親手煮的味噌湯是一種日式幸福的象徵。
這本書從健康的觀點、用創意的方式，
高效率地提供我們持續喝味噌湯的動力。

*　　　　*　　　　*

—— 前西 希　「日本人妻的無限創作」臉書版主

如果說，和日本人結婚這幾年來，讓我最驚訝的食材是什麼，
必定是味噌莫屬。
味噌，用這個有著濃濃和風印象的食材所料理的湯品，
在很多日本家庭餐桌上一定會出現。
普遍的程度，就如同台灣人對於蛋花湯一樣，
是如此熟悉、家常，而且安心的味道。

但，為什麼我會用「驚訝」兩個字形容
不只日本人、連台灣人也很熟悉的味噌呢？
這就要從我第一次和先生回日本，拜訪他父母親那一天說起了！

日本人和台灣人有一點很不一樣的，就是跟家人介紹交往對象這件事情。
台灣人大多是在交往階段就會把對方帶回家；
但日本人卻是確定要結婚之前，才會帶回家見爸媽。
也因為我們住台灣的關係，先生就選定了某個週休假期，
完成這項讓我緊張萬分的任務。

這樣兩天一夜的行程中，除了晚餐的鍋物之外，
隔天一早，婆婆就做好了傳統的烤魚、納豆和玉子燒的日式早餐，
以及一碗讓我感到無比驚奇的味噌湯。

和我從小喝到大，只有加豆腐的味噌湯不同，
婆婆在湯裡面加了大白菜、舞菇，以及馬鈴薯！
後來才發現，日本的味噌湯是很多食材都可以加，
連茄子和洋蔥、牛蒡等食材，也是味噌湯的常客呢！

也因此，結婚這幾年來，我們家味噌湯的內容物也越來越豐盛。
摸索了各種食材的甜味、特性，和味噌融合後，
即使在台灣，也慢慢地做出風味圓潤的味噌湯。

這本書的內容，介紹了許多適合和味噌湯一起煮、
台灣也能輕鬆購入的食材，讓我們省掉了許多嘗試的時間，
就能做出美味味噌湯的精華。

除了食材的特性之外，
書中也收錄了許多煮味噌湯時能讓風味提升的小技巧，
是每天和三餐奮鬥的日本太太的我，
想要跟大家用力推薦的一本食療湯品書。

沒什麼食慾，或是身體微恙時，就來碗料多味美的味噌湯犒賞自己吧！
讓日本人長壽的飲食祕訣，豐富台灣家庭的餐桌，
讓每個人都能輕鬆做出一道道營養豐富、可口美味的暖心味噌湯。

每天，埋首於食物調理搭配師這份工作，
對於透過食物調整身心狀態，我逐漸產生了興趣。

我的家人，特別是小孩，每到季節轉換，身體狀態就會不對勁。
自己也是，年年累積疲勞，無法消除，也煩惱著皮膚的問題……。
在這種時候，如果有可以不吃藥就能痊癒的方法就太好了。
因此，我感覺到改變飲食的重要性，
於是開始學習藥膳，取得國際中醫藥膳師證照。

飲食不會如藥一般，快速見效，
卻會一點一點、確實地改善身心狀態。

我想台灣的讀者應該午餐和晚餐時都經常喝湯，
只要將那碗湯，變成「食療味噌湯」，
就能簡單的，以美味更靠近健康。

本書介紹就算沒時間也能輕鬆上桌，5分鐘就能完成的味噌湯食譜，
也向大家推薦閒暇時可以先做起來放的「味噌丸子」，
請試著加入你們每日的生活。

❀ 前言

「食物各有藥效」

這個說法，各位是否曾聽說過？

好好組合平日常用食材，了解它們對身體的作用，

就能讓食物像藥品般改善身心各種不適。

最容易收到這個效果的，就是味噌湯。

基底高湯和味噌能暖和身體，

具有調升身體狀態的作用。

再喝下煮過這些食材的湯汁，

營養也能更有效的被身體吸收。

本書將以功效分類介紹各種味噌湯。

無論是根據自己在意的症狀對症挑選，

或是用想吃的東西來選都可以。

每天喝一碗具有「食療力」的味噌湯，

排出體內囤積廢物，

讓全身充滿能量，

慢慢將健康和美麗掌握在手中。

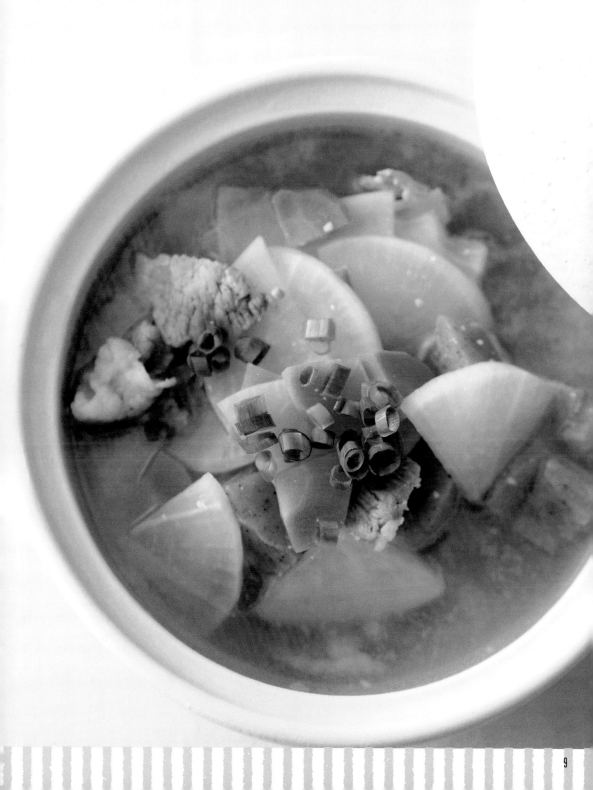

目　錄

 第 **1** 章 ■ **溫暖身體** ⋯⋯⋯⋯⋯⋯⋯⋯⋯⋯⋯⋯⋯⋯⋯

第 **2** 章 ■ **補給能量** ⋯⋯⋯⋯⋯⋯⋯⋯⋯⋯⋯⋯⋯⋯⋯⋯⋯⋯⋯⋯

 第 **3** 章 ■ **改善循環** ⋯⋯⋯⋯⋯⋯⋯⋯⋯⋯⋯⋯⋯⋯⋯⋯⋯⋯

第 **4** 章 ■ 加速排毒 ┈┈┈┈┈┈┈┈┈┈┈┈┈┈┈┈┈

 第 **5** 章 ■ 幫助消化 ┈┈┈┈┈┈┈┈┈┈┈┈┈┈┈┈┈

 第 **6** 章 ■ 滋潤身體 ┈┈┈┈┈┈┈┈┈┈┈┈┈┈┈┈┈

第7章 ■ 消炎解熱

第8章 ■ 寧心安神

column ■ 味噌丸子

本書使用方式

簡單卻怎麼也喝不膩的基本口味 ——————— 湯品風味特色

長蔥 ———————

柴魚 混合 ——————— 湯品名（＋味噌湯）

→ 長蔥味噌湯

————— 建議使用「高湯」與「味噌」
例：柴魚高湯＋混合味噌
↳ 高湯圖示 請參見P14
↳ 味噌圖示 請參見P16

————— 湯品完成圖

————— 備料（分量／切配）示意圖

● 材料〈1人份〉
長蔥 1/3 支（蔥白部分）
高湯 150ml
味噌 2 小匙 ——————— 1人份材料&用量＝1碗湯

● 做法
1 蔥白切斜片。
2 鍋內倒入高湯，加入1，煮約1～2分鐘。
3 改小火，將味噌放在漏勺攪散，慢慢溶入湯中，盛出裝碗。

料理步驟敘述
↳ 味噌攪散溶入湯汁，量多時
可用漏勺、網篩或湯勺等輔助

【豆知識】
長蔥在感冒初期特別
好用，非常推薦！在感
到意寒、出現怕冷微兆
或關節疼痛時，不妨也
來上一碗。

————— 使用食材的調理保健功效
哪些人／哪種情況最適合

————— 湯品主要食療功效

22 第1章 溫暖身體

- 1杯＝200cc（200ml）、1大匙＝15cc（15ml）、1小匙＝5cc（5ml）
- 微波爐加熱時間以600w火力為標準，請配合使用的微波爐瓦數斟酌加熱
- 食譜標記為標準分量和料理時間，請根據自己的狀況加減
- 料理過程省略高湯製作
- 料理步驟省略「洗菜」、「削皮」、「去蒂」等基本的備料敘述
- 本書介紹湯品使用材料多為台灣常見食材，少數如「蘘荷（茗荷）」之類食材可在Jasons、微風和新光三越等日系超市購得；或以其他類似食材取代，如日本酸菜「高菜漬」可改用台灣的酸菜，文中以譯註或編按補充說明

高湯介紹

味噌湯的基底高湯,
把美味和營養都濃縮在裡面。
往往我們想到要花時間熬高湯就覺得麻煩,
實際上製作高湯,也有不用太花時間,
而且不那麼費工夫的方法。
在這本書中,將會介紹三種很簡單就能完成的高湯,
雖然每道味噌湯都有推薦的高湯組合搭配,
但這三種湯頭都很美味,也可根據個人喜好分別使用。

所推薦高湯在湯品名下方會以圖示標明:

 昆布高湯　　 蔬菜高湯　　 柴魚高湯

....

放入昆布就完成的昆布高湯

只要在水裡放入昆布,就能做好昆布高湯。
不費工,時間是讓味道更上乘高雅的祕訣。

◉ 材料和做法〈5～6杯份〉
在保存容器內加入 1 公升水和 10 公
克昆布,放入冰箱冷藏一晚。

※ 昆布如果放太多,會讓高湯變得黏稠,
味噌不容易溶化,這點要特別留意。

◉ 保存期間
冷藏約 4 天／冷凍約 1 個月

◉ 適合搭配的味噌湯
加了梅干等味道清爽的味噌湯。和魚、肉
等動物性食材搭配,更能增添風味。

....

蔬菜 用剩餘蔬菜煮出來的蔬菜高湯

善用蔬菜平常丟棄不用的部分製作高湯，
可以熬煮出充滿蔬菜甜味且營養滿點的美味湯頭。

● 材料和做法〈4～6杯份〉

留下洋蔥皮或紅蘿蔔皮、高麗菜心
等，收集大約1杯分量，放入鍋內，
加入1公升水後開火，水滾改小火，
再煮20分鐘，濾出湯汁。

● 保存期間

冷藏約4天／冷凍約1個月

● 適合搭配的味噌湯

在湯料用到起司、鰻魚、罐頭等味道強烈
的食材時可搭配，或者食材有用油煎炒提
出味道的也很推薦。

柴魚 連基底都能吃的柴魚高湯

可省略熬煮、過濾……等步驟，輕鬆完成的柴魚高湯，
高湯基底的柴魚片還能當成食材吃進肚子裡。

● 材料和做法〈1杯份〉

鍋內放入3公克柴魚片和150～
200ml（1杯）的水，開火和湯料食
材一起煮。

※ 這不是事先就做好備用，而是料理時
製作的高湯。這裡所寫的分量是1杯份，
請根據人數增加材料量。

● 適合搭配的味噌湯

富含動物性肌苷酸，味道濃郁，是柴魚高
湯的特色，就用來搭配豆腐等味道清淡的
食材或蔬菜吧！

味噌介紹

味噌不僅具有抗氧化作用，還有暖和身體的效果。
接下來將以麴種、味道、顏色分別說明，
請依個人喜好口味找出要用的味噌。
本書介紹味噌湯使用常見且具有代表性的5種味噌。

所推薦味噌在湯品名下方會以圖示標明：

 米味噌〈赤〉　　 米味噌〈白〉　　 混合味噌

 麥味噌　　　　 八丁味噌

米味噌〈赤〉

以米麴製作的味噌，熟成期長，
成品色澤較深，偏鹹且味道濃
厚，為多數地方廣泛使用的種
類，很適合搭配豆腐、海帶芽、
葉菜等味道清淡的食材。

米味噌〈白〉

以米麴製作的味噌中，熟成期
短、色澤較淡的味噌。由於用到
的麴菌較多，甜味明顯，建議可
在想讓味噌湯顏色漂亮時使用。
白味噌是日本關西地區常用的種
類。

混合味噌

混合 2 種以上的味噌，可增加味道的醇厚感。在這本書中，將赤味噌和白味噌以 1：1 的比例混合使用，是各種食材都能搭配的萬能味噌。

麥 麥味噌

日本九州地方和四國多以麥麴製作味噌，由於甜味明顯，味道清爽，用來做味噌湯非常好喝，推薦搭配清甜的蔬菜。

八丁 八丁味噌

以大豆為種麴加鹽製作的味噌，成品色澤極深，香氣濃郁，還能嚐到微微澀味。由於味道相當強烈、有個性，常會搭配貝類或魚等本身也有強烈味道的食材。

食材介紹

本書依所選用湯料食材的功效，
分為八個種類和章節，介紹各種不同的味噌湯，
並且在這個單元列舉各種類比較具有代表性的食材分類說明，
請各位依自己的身體狀況加入每日飲食。
當然，除了做為味噌湯料，
這些食材也很推薦用來料理主菜和配菜。

1 溫暖身體

從常見的薑、蒜，到香菜、蝦、辣椒
以及肉桂等香料，都能夠改善造成
身體各種不適的源頭「體寒」。

● 適應症及時機
體寒／容易疲累／感冒／腹痛／
惡寒／水腫……等

2 補給能量

牛肉、雞肉或馬鈴薯、地瓜、南瓜等，
以肉類和薯類為代表，其他還有菠
菜和雞蛋等食材，在缺乏元氣時有
助於提振精神，增強體力。

● 適應症及時機
容易疲累／容易感冒／
提不起勁……等

③ 改善循環

透抽、章魚等能補充營養的食材，還有韭菜、鱈魚等能改善循環的食材，在血液循環不良造成身體不適時非常推薦。

💮 適應症及時機

貧血／肩頸痠痛／腰痛／肌肉疼痛／
生理痛／頭痛……等

④ 加速排毒

舞菇、里芋、昆布、海帶芽、西洋芹、彩椒、豆腐等食材，能幫助排出體內累積的毒素和多餘水分。

💮 適應症及時機

水腫／關節疼痛／消化不良／
便祕／宿醉……等

⑤ 幫助消化

高麗菜、白蘿蔔、蕪菁、馬鈴薯、米、麻糬等食材，以穀物和根莖類蔬菜為主，可以提高腸胃機能，幫助消化吸收。

💮 適應症及時機

胃積食／胃痛／胃食道逆流／
食慾不振……等

6 滋潤身體

番茄、蘆筍、蓮藕、豬肉、雞蛋等食材，可滋潤身體內部，改善因水分不足引發的症狀，還能提高免疫力。

☻ 適應症及時機

肌膚乾燥／眼睛乾澀／免疫力降低／
乾咳……等

7 消炎解熱

茄子、番茄、小黃瓜等夏季蔬菜和豆芽菜、綠茶、豆腐等，以具有解熱作用的食材去除體內燥熱、鎮定發炎症狀。

☻ 適應症及時機

皮膚或喉嚨發炎／青春痘／
顏面潮紅／夏季倦怠……等

8 寧心安神

蛤蜊、牡蠣、西洋芹、白菜和小麥製成的麵線或烏龍麵等食材，能舒緩壓力造成的煩躁與不安，有穩定情緒的作用。

☻ 適應症及時機

煩躁／失眠／不安／憂鬱／
眼睛不舒服……等

第1章

溫暖身體

適合體溫調節能力不佳，或是血液循環不好、常感覺手腳冰冷的人，能排除體內寒氣、改善血液循環，讓全身慢慢溫暖起來，是能從體內提升身體保溫效果的味噌湯。

簡單卻怎麼也喝不膩的基本口味

長蔥

柴魚　混合

【豆知識】

長蔥在感冒初期特別
好用，非常推薦！在感
到惡寒，出現怕冷徵兆
或關節疼痛時，不妨也
來上一碗。

🥢 材料〈1 人份〉

長蔥 1/3 支（蔥白部分）
高湯 150ml
味噌 2 小匙

🥢 做法

1　蔥白切斜片。
2　鍋內倒入高湯，加入 1，煮約 1 ～ 2 分鐘。
3　改小火，將味噌放在漏勺攪散，慢慢溶入湯中，
　　盛出裝碗。

紅蘿蔔和紫蘇葉

昆布　麥

【豆知識】

紅蘿蔔是能讓肌膚、頭髮、指甲有光澤的食材，而紫蘇葉有溫暖身體的作用，兩者相加更能提高效果。

● 材料〈1 人份〉

紅蘿蔔 1/2 根
紫蘇葉 1 片
高湯 150ml
味噌 2 小匙

● 做法

1　紅蘿蔔切細末，紫蘇葉切絲。
2　鍋內放入紅蘿蔔，加入高湯煮滾，改小火，攪散味噌溶入湯汁。
3　盛出裝碗，放上紫蘇葉。

稠到牽絲～的洋蔥濃湯風

洋蔥起司

【豆知識】
洋蔥很適合用於感冒初
期和水腫，加上起司，
還有減緩乾咳的效果。

● 材料〈1 人份〉

洋蔥 1/4 個
起司（披薩用）1 大匙
沙拉油 2 小匙
高湯 150ml　味噌 2 小匙

● 做法

1　洋蔥切薄片。

2　鍋內加油燒熱，放入 1，慢慢炒出香氣。再倒入
　　高湯煮滾，改小火，將味噌攪散溶入湯汁。

3　關火，撒上起司，蓋上鍋蓋，等起司溶化後即可
　　盛出裝碗。

和平常吃的馬鈴薯風味不同

馬鈴薯和巴西里

〔豆知識〕

巴西里可促進發汗，具
有溫暖身體的效果。馬
鈴薯則是有助於提振
精神、消除疲勞。

● 材料〈1 人份〉

馬鈴薯 1/2 個
巴西里葉 1 撮
高湯 150ml
味噌 2 小匙

● 做法

1 馬鈴薯切成約 1 公分塊狀，巴西里葉切小朵。

2 鍋內倒入高湯和馬鈴薯，煮滾後蓋上鍋蓋，續煮
 5 ～ 6 分鐘。

3 改小火，再加入巴西里葉，慢慢溶入味噌，盛出
 裝碗。

利用黏滑食材讓身體慢慢暖起來

納豆和滑菇

【豆知識】

納豆可以改善血液循
環，特別適合容易手腳
冰冷的人。除此之外，
它對消除黑眼圈和皺紋
也很有幫助，還有緩解
肩頸痠痛的功效。

🌀 材料〈1 人份〉

納豆 1 盒
滑菇（珍珠菇）1/2 包
高湯 150ml
味噌 2 小匙

🌀 做法

1 鍋內倒入高湯和納豆，煮滾。
2 改小火，加入滑菇，
　　再將味噌攪散溶入湯汁，盛出裝碗。

雞胸肉和薑

昆布　混合

【豆知識】

這碗湯是暖身效果極佳
的組合，對於促進腸胃
機能特別有效，很適合
在想馬上恢復精神時喝
上一碗。

● 材料〈1人份〉

雞胸肉 1 條
薑 3 片（薄片）
高湯 150ml
味噌 2 小匙

● 做法

1 雞胸肉斜刀切厚片，薑片切絲。

2 鍋內倒入高湯，加入 1 煮滾，
　改小火，續煮 2 分鐘。

3 再將味噌攪散溶入湯汁，盛出裝碗。

喝了身體馬上就會暖烘烘的

大蒜和雞蛋

 蔬菜　 白

〔豆知識〕

大蒜是能提升體溫的
強效食材,加入雞蛋和
橄欖油,更能有效對抗
寒氣、咳嗽以及喉嚨不
適。

🍲 材料〈1 人份〉

大蒜 1 瓣
雞蛋 1 個
橄欖油 1 大匙
高湯 150ml
味噌 2 小匙

🍲 做法

1　大蒜切薄片。

2　鍋內加橄欖油燒熱,放入 1,炒出香味。
　　倒入高湯煮滾,改小火,將味噌溶入湯汁。

3　打入蛋花後關火,蓋上鍋蓋,稍微燜一下再裝碗。

泡菜

昆布　赤

【豆知識】

這碗湯具有發汗作用，對膿包發炎症狀也很有效。辣椒的強效熱力可由麻油和白菜適度引出。

🥢 材料〈1 人份〉

泡菜 3 大匙
麻油 2 小匙
高湯 150ml
味噌 2 小匙

🥢 做法

1 鍋內加麻油燒熱，放入泡菜快炒。
2 倒入高湯煮滾，改小火，然後將味噌溶入湯汁，盛出裝碗。

留下蕪菁的莖，色彩更豐富，營養再加分

蕪菁和蝦仁

昆布 白

● 材料〈1 人份〉

蕪菁 1 個
蝦仁 2 大匙
高湯 150ml
味噌 2 小匙

● 做法

1 蕪菁保留一些莖，切成厚約 5 公厘薄片。
  蝦仁要洗過。

2 鍋內倒入高湯，加入 1，煮滾。

3 改小火，慢慢攪散味噌，溶入湯汁，盛出裝碗。

【豆知識】

這碗湯是「溫╳溫」的
組合，蝦子能去除下肢
寒冷、提升精力，蕪菁
則有改善腺包發炎症狀
和水腫的功效。

鰤魚

 昆布 赤

〔豆知識〕

鰤魚是能溫暖身體、補充能量的食材,辣椒則能去除濕氣引發的身體不適,這碗湯很適合在梅雨季的時候煮來喝。

◉ 材料〈1 人份〉

鰤魚(青甘)1 片
沙拉油 1 小匙
七味辣椒粉適量
高湯 150ml
味噌 2 小匙

◉ 做法

1 平底鍋加沙拉油燒熱,放入對切的鰤魚,煎至兩面上色。

2 再倒入高湯煮滾,改小火,將味噌攪散溶入湯汁。

3 盛出裝碗,最後撒上七味辣椒粉。

煮到入味充滿濃郁的雞肉香

雞肉和香菜

〔豆知識〕

香菜有溫暖身體、促進
發汗的作用，還能去除
體內燥熱，這碗湯搭配
雞肉，可在想恢復體力
時食用。

🍲 材料〈1人份〉

雞腿肉 80 公克
香菜適量
水 200ml
味噌 2 小匙

🍲 做法

1　雞腿肉切成一口大小，香菜切小段。
2　鍋內放入雞肉和水，煮滾，撈除表面的浮沫，
　　改小火，蓋上鍋蓋，煮約 5 分鐘左右。
3　再將味噌溶入湯汁，放上香菜後盛出裝碗。

第 2 章

補給能量

能量的輸出大過於輸入，整個人就會看起來精神不濟，而且容易生病、感覺疲累，假日也呈現電力不足的狀態……。尤其是平常工作量很大的人，更應該積極攝取能補給能量的味噌湯。

將平日的早餐加入味噌湯

西生菜和荷包蛋

  柴魚 混合

【豆知識】

雞蛋是很好消化、營養
容易吸收的食材，而西
生菜（萵苣）能增強雞
蛋的功效，還有預防貧
血和美肌效果。

● 材料〈1 人份〉

西生菜 1 葉
雞蛋 1 個
高湯 150ml
味噌 2 小匙

● 做法

1 西生菜切大塊，雞蛋煎成荷包蛋。

2 鍋內倒入高湯，煮滾。
  加入西生菜，改小火，將味噌攪散溶入湯汁。

3 盛出裝碗，最後再把荷包蛋放上去。

煎出香氣四溢的活力補給

油煎高麗菜

柴魚 　麥

【豆知識】

高麗菜能夠促進消化、恢復體力，緩和胃鄒鄒的症狀。這碗湯特別適合做給胃不好、容易疲勞的人喝。

● 材料〈1 人份〉

高麗菜 1/8 顆
沙拉油 2 小匙
高湯 150ml
味噌 2 小匙

● 做法

1　平底鍋加油燒熱，放入高麗菜先煎一下。
2　再倒入高湯，煮滾改小火，
　　然後攪散味噌溶入湯汁，盛出裝碗。

喝進牛肉鮮美滋味和濃郁香氣

牛肉片和珠蔥

【豆知識】

疲勞時容易體寒，可以
多吃點能暖和身體的牛
肉和珠蔥。

🍲 材料〈1 人份〉

牛肉片 50 公克
珠蔥 1 支
沙拉油 2 小匙
水 150ml
味噌 2 小匙

🍲 做法

1 珠蔥切成長約 5 公分小段。

2 鍋內加油燒熱，放入牛肉片，炒至變色。

3 再倒入水，煮滾。加入 1 後改小火，溶入味噌，
　盛出裝碗。

雞汁浸泡過的馬鈴薯鬆軟可口

馬鈴薯和雞絞肉

赤

〔豆知識〕

馬鈴薯和雞肉都是能溫暖身體、恢復元氣的食材，而且馬鈴薯還有改善便祕的功效。

◉ 材料〈1 人份〉

雞絞肉 50 公克
馬鈴薯 1 個
沙拉油 2 小匙
水 180ml　味噌 2 小匙

◉ 做法

1 馬鈴薯切成四等分。
2 鍋內加油燒熱，放入雞絞肉，炒至變色。
3 倒入水和 1，煮滾改小火，蓋上鍋蓋，續煮約 7 ～ 8 分鐘。
4 起鍋前攪散味噌溶入湯汁，盛出裝碗。

與淡色味噌組合出清爽甘甜的滋味

栗子地瓜

〔豆知識〕

地瓜有健胃整腸的作
用，並且富含維他命C，
對預防感冒也很有效。

🍲 材料〈1 人份〉

栗子地瓜 1 塊（厚約 4 公分）
高湯 180ml
味噌 2 小匙

🍲 做法

1　地瓜切成 1 公分厚片。

2　鍋內倒入高湯，加入 1 煮滾，改小火，蓋上鍋蓋，
　　續煮 5 分鐘。

3　然後將味噌攪散溶入湯汁，盛出裝碗。

甜豆和蛋花

柴魚　赤

〔豆知識〕

甜豆有促進消化吸收
的作用，讓具有回復體
力效果的雞蛋能更有
效率的吸收。

❀ 材料〈1 人份〉

雞蛋 1 個
甜豆 2 莢
高湯 150ml
味噌 2 小匙

❀ 做法

1　甜豆撕去兩側粗絲，切斜片。蛋打散成蛋液。

2　鍋內先倒入高湯，煮滾加入甜豆，改小火，溶入
　　味噌。

3　沿著鍋邊繞圈慢慢倒入蛋液，關火，
　　蓋上鍋蓋，稍微燜一下，再盛出裝碗。

鋪滿黃綠色蔬菜，清爽感十足

綠花椰

 昆布　 白

〔豆知識〕

綠花椰是能強健身體的
蔬菜，含有豐富的維他
命C，對提高免疫力也
有助益。

🥄 材料〈1 人份〉

綠花椰（青花菜）1/4 顆
高湯 150ml
味噌 2 小匙

🥄 做法

1 綠花椰分切成小株，先用保鮮膜包起來，放進微
　波爐加熱 4 分鐘，取出後拿叉子弄碎。

2 再把高湯倒入耐熱容器，溶入味噌，覆上保鮮膜。

3 以微波爐加熱 2 分鐘，最後放入 1 就完成了。

咔哩咔哩超好吃的清脆口感

白花椰和杏仁果

  柴魚 混合

〔豆知識〕

杏仁果可補充因疲勞耗
損的能量，這碗湯搭配
白花椰，適合在疲勞導
致腸胃不適時食用。

🥢 材料〈1 人份〉

白花椰 1/6 顆
杏仁果 5 粒
高湯 150ml
味噌 2 小匙

🥢 做法

1 白花椰先分切成小株，再切薄片放入碗裡。
2 鍋內倒入高湯煮滾，改小火，
　然後將味噌攪散溶入湯汁。
3 起鍋，把 2 倒入 1，撒上切碎的杏仁果。

溫熱的酪梨能夠帶來好心情

酪梨和黃椒

 昆布　 赤

〔豆知識〕

酪梨能有效消除疲勞，
而甜椒則能提升體力、
放鬆心情。

● 材料〈1 人份〉

酪梨 1/4 顆
黃椒 1/6 個
高湯 150ml
味噌 2 小匙

● 做法

1　酪梨去皮，切成厚度約 1 公分的厚片；
　　黃椒切約 3 公厘薄片。

2　鍋內倒入高湯，加入黃椒，煮滾改小火，
　　再把酪梨加進去。

3　然後將味噌溶入湯汁，盛出裝碗。

南瓜豆漿咖哩

（蔬菜）（白）

〔豆知識〕

南瓜能溫暖身體，補充
能量，本身的自然甜味
還能讓心情變好。

☙ 材料〈1 人份〉

南瓜 80 公克
咖哩粉 1 小匙　沙拉油 2 小匙
高湯、豆漿各 100ml
味噌 2 小匙略多

☙ 做法

1 南瓜去除籽和籽囊，切成一口大小。

2 鍋內放入沙拉油和咖哩粉，快炒出香味，
　再加入高湯和 1。

3 煮滾，倒入豆漿，等豆漿也熱了就改小火，
　將味噌攪散溶入湯汁，盛出裝碗。

湯裡加入大量炒過的菠菜

菠菜

 蔬菜　 赤

〔豆知識〕

菠菜能夠提振精神和體
力,還可以改善氣色,覺
得眼睛乾澀時也適合喝
這碗湯。

🥄 材料〈1 人份〉

菠菜 1/3 把
橄欖油 2 小匙
高湯 150ml
味噌 2 小匙

🥄 做法

1　菠菜切成小段。

2　鍋內加橄欖油燒熱,放入 1 快炒。

3　倒入高湯煮滾,改小火,再將味噌攪散溶入,
　盛出裝碗。

富含ß-胡蘿蔔素且營養滿點的組合
青豆仁和紅蘿蔔

 柴魚 白

〔豆知識〕

紅蘿蔔和青豆仁是溫
熱腸胃、促進消化和補
氣的組合，使用冷凍青
豆仁即能輕鬆完成這
碗湯。

🥄 材料〈1 人份〉

青豆仁 3 大匙
紅蘿蔔 1 小塊（厚約 2 公分）
高湯 150ml
味噌 2 小匙

🥄 做法

1 紅蘿蔔切成 1 公厘左右薄片。
2 在耐熱容器裡放入青豆仁，加入 1 和高湯，
　將味噌溶入後，覆上保鮮膜。
3 放進微波爐加熱 2 分鐘即成。

「這樣做，讓味噌湯變得更好喝」

依不同食材改變煮的時間

放入味噌湯的食材，每一種需要火候和煮的時間都不一樣，特別是使用兩種以上食材時，要再加上時間差。紫蘇葉或薑等帶有香氣的食材，建議在起鍋前加入。此外，即使同樣都是白蘿蔔，煮到軟透和只是稍微加熱，兩種料理方式呈現的味道也會不同，烹煮時隨興做些變化也非常有趣。

選擇味噌的方法

選擇色澤鮮豔和沒有斑點的味噌。選購時，建議挑選商品名稱上有「生」、「天然釀造」、「手作」等字眼的味噌。精選原料的味噌味道更不一樣，而經過長期熟成的味噌味道會很濃醇。

溶入味噌的時機

味噌是提出香氣和美味的靈魂要素，如果是先放入味噌，再煮滾味噌湯，味噌獨特的香氣就會跑掉了。

溶入味噌的最佳時機，是在食材煮到柔軟時。而且不要在湯滾沸的時候加，要先改小火，再溶入味噌，加熱至湯的表面起輕微波浪就可以關掉爐火。

第 3 章

改善循環

一旦血液循環不良，營養和新鮮的氧氣無法有效率的帶到身體各個角落，就容易引起肩頸痠痛、生理痛、頭痛等不適症狀，本章所介紹味噌湯主要功效是改善循環，特別適合身體有循環問題而出現以上症狀的女性。

切得細碎更能感受韭菜風味

韭菜

 柴魚　 赤

【豆知識】

韭菜能溫熱身體，改善
下肢冰冷與疲累。夏天
冷氣吹太久，造成腳部
水腫，也很適合喝這碗
湯調理。

● 材料〈1 人份〉

韭菜 3 株
高湯 150ml
味噌 2 小匙

● 做法

1　韭菜切碎。

2　在耐熱容器裡倒入高湯，溶入味噌，覆上保鮮膜。

3　放進微波爐加熱 2 分鐘，最後再加入 1。

整碗網羅菇蕈的鮮美精華

鴻喜菇和金針菇

 昆布 白

〔豆知識〕

鴻喜菇能提高免疫力，
金針菇具有排毒作用，
兩者的組合，可期待達
到改善貧血、便祕和肌
膚乾燥的效果。

● 材料〈1 人份〉

鴻喜菇 1/4 包
金針菇 1/4 包
高湯 150ml
味噌 2 小匙

● 做法

1 切除鴻喜菇和金針菇底部硬硬的部分，
  然後直接用手剝散。
2 鍋內倒入高湯，加入 1，煮滾。
3 改小火，將味噌攪散溶入湯汁，盛出裝碗。

加熱後的菜葉口感絕妙

青江菜

【豆知識】

青江菜是能夠有效改
善循環、補給能量的好
食材，對緩解生理痛、
肩頸痠痛、腰痛等問題
頗有成效。

◉ 材料〈1 人份〉

青江菜 1 株
高湯 150ml
味噌 2 小匙

◉ 做法

1 青江菜切成小段。
2 鍋內倒入高湯，加入 1，煮滾。
3 改小火，將味噌攪散溶入湯汁，盛出裝碗。

分量十足的味噌鯖魚湯
鯖魚罐頭和長蔥

〔豆知識〕

鯖魚和長蔥都有改善體
內血液循環的功效，是
能夠有效消除疲勞、抗
老化的組合。

◉ 材料〈1 人份〉

鯖魚罐頭 1 罐
長蔥（蔥白部分）5 公分
水 100ml
味噌 2 小匙

◉ 做法

1 蔥白切蔥花。

2 鍋內倒入水和鯖魚罐頭（含湯汁），煮滾。
　改小火，將味噌攪散溶入湯汁。

3 盛出裝碗，最後再放上 1。

和富濃厚秋色的味噌是最佳組合

茄子

 柴魚 赤

【豆知識】

茄子可以緩和頭痛和生
理痛，但因帶有澀味，湯
汁偏暗，適合搭配顏色深
一點的味噌。

● 材料〈1 人份〉

茄子 1 條
高湯 150ml
味噌 2 小匙

● 做法

1 茄子切成厚約 3 公厘的圓片。
2 鍋內倒入高湯，把 1 放進去，煮滾。
3 改小火，味噌攪散後溶入湯汁，盛出裝碗。

魚貝類的鮮味與濃厚味噌的組合

綜合海鮮和生菜絲

 昆布 赤

【豆知識】

透抽和西生菜的雙重效
果，能夠讓氣色變好、
滋潤肌膚，對於女性特
有的身體不適和貧血
也很有效。

◉ 材料〈1 人份〉

綜合海鮮（透抽、蝦仁、干貝等）50 公克
西生菜（萵苣）1 葉
橄欖油 2 小匙
高湯 150ml　味噌 2 小匙

◉ 做法

1　西生菜切絲。

2　鍋內加橄欖油燒熱，綜合海鮮直接入鍋炒，
　　不用預先解凍。

3　倒入高湯煮滾，改小火，加入 1，然後溶入味噌，
　　盛出裝碗。

用黏滑的湯汁讓身體溫暖起來

蓮藕

 昆布 　 麥

〔豆知識〕

蓮藕能改善肌膚乾燥
問題和腳後跟龜裂，磨
成泥狀煮湯喝會更好
吸收。

❀ 材料〈1 人份〉

蓮藕 50 公克
高湯 150ml
味噌 2 小匙

❀ 做法

1 蓮藕先切下一片厚約 1 公厘的薄片。
2 剩下蓮藕用擦菜板磨成泥狀，放入鍋中，再倒入
　 高湯，放進 1，攪拌至煮滾。
3 直到湯汁變黏稠，改小火，溶入味噌後盛出裝碗。

讓人想要搭配麵包的洋風味噌湯

西洋芹和德式香腸

蔬菜　白

〔豆知識〕

這碗湯利用香腸補充
能量，西洋芹則將能量
送到身體各個角落，可
以改善眼睛充血和肩
頸疲痛等不適症狀。

🍲 材料〈1人份〉

西洋芹 1 段（約 5 公分）
德式香腸 2 小條
高湯 150ml
味噌 2 小匙

🍲 做法

1　西洋芹切小片，德式香腸斜刀對切。
2　鍋內倒入高湯，加入 1，煮滾。
3　改小火，將味噌攪散溶入湯汁，盛出裝碗。

整個洋蔥的甜味令人著迷

洋蔥和培根

  昆布 混合

〔豆知識〕

洋蔥為改善循環的代表
性食材，其內含二烯丙
基二硫是帶來刺鼻氣味
的主要成分，可以淨化
血液、幫助血液循環。

◉ 材料〈1 人份〉

洋蔥 1/2 個
培根 1 片
高湯 150ml
味噌 2 小匙

◉ 做法

1　培根切成寬約 1 公分的長條。
2　洋蔥以保鮮膜包裹，放進微波爐加熱 4 分鐘，
　　取出，拿掉保鮮膜後，放入碗中。
3　鍋內先放入 1，炒出香味，再加入高湯。
　　煮滾後改小火，攪散味噌溶入湯汁，起鍋倒進 2。

糯米椒

柴魚 八丁

〔豆知識〕

糯米椒能疏通血流，緩
和眼睛疲勞。由於它能
讓身體熱起來，這碗湯
對改善手腳冰冷也有
幫助。

● 材料〈1 人份〉

糯米椒 3 根
高湯 150ml
味噌 2 小匙

● 做法

1 糯米椒切小圈。
2 將高湯倒入耐熱容器，溶入味噌，覆上保鮮膜。
3 放進微波爐加熱 2 分鐘，最後再把 1 加進去。

清爽高雅的上乘滋味

鱈魚和荷蘭豆

 昆布 白

【豆知識】

鱈魚富含蛋白質，是構成人體必需的營養素，而且低卡路里，很適合減重時期食用，對改善瘀青、扭傷也有幫助。

● 材料〈1 人份〉

鱈魚 1 片
荷蘭豆 2 莢
高湯 150ml
味噌 2 小匙

● 做法

1 鱈魚片對切，荷蘭豆撕去兩側粗纖維後切絲。
2 鍋內倒入高湯煮滾，放入鱈魚，續煮 5 分鐘。
3 改小火，再加入荷蘭豆，攪散味噌溶入湯汁，盛出裝碗。

第 4 章

加速排毒

人體如果累積過多水分和毒素，就會形成水腫等，各種問題層出不窮，所以要多攝取能調節水分、促進排毒的食材，避免濕氣和廢料累積在體內。

接著本章將介紹可加速毒素排出，還能預防肥胖的味噌湯。

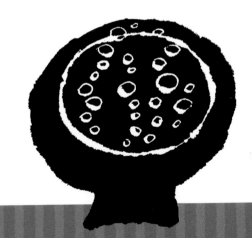

以薑的微辛香為湯品提味

海帶芽和生薑

柴魚　赤

【豆知識】

海帶芽能夠幫助水分代謝，消除水腫。這碗湯裡面還加了具抗菌作用的薑泥。

● 材料〈1 人份〉

乾燥海帶芽 1 小匙
薑泥少許
高湯 150ml
味噌 2 小匙

● 做法

1　鍋內倒入高湯，加入乾燥海帶芽，煮滾。
2　改小火，將味噌攪散溶入湯汁。
3　盛出裝碗，最後再把薑泥放上去。

沒有食慾也能咕溜地滑進喉嚨

海蘊和嫩豆腐

柴魚　白

〔豆知識〕

海蘊（水雲）是一種類似髮菜的褐藻，能幫忙排出體內多餘水分，搭配有解毒作用的豆腐，效果更佳。

● 材料〈1 人份〉

海蘊（未調味）1 小盒
嫩豆腐 1/4 塊
高湯 150ml
味噌 2 小匙

● 做法

1　嫩豆腐切成 1 公分小塊。
2　鍋內倒入高湯，煮滾，放進海蘊和 1。
3　改小火，將味噌攪散溶入湯汁，盛出裝碗。

不要煮太久，享用清脆的口感

小松菜

〔豆知識〕

小松菜是解毒效果很好的一種蔬菜，由於含豐富的食物纖維，對改善便祕也頗有成效。

🌸 材料〈1 人份〉

小松菜（日本油菜）2 株
高湯 150ml
味噌 2 小匙

🌸 做法

1　小松菜切段。
2　鍋內倒入高湯煮滾，加入 1，續煮 2 分鐘。
3　改小火，攪散味噌溶入湯汁，盛出裝碗。

炒過會使美味度更往上竄升

彩椒

〔豆知識〕

彩椒有利肝臟機能運
作，能夠促進毒素排
出，還有抗老化效果。

● 材料〈1 人份〉

彩椒（紅、黃甜椒）各 1/4 個
橄欖油 2 小匙
高湯 150ml
味噌 2 小匙

● 做法

1 彩椒去籽，切成約 1 公厘左右薄片。
2 鍋內加橄欖油燒熱，放入 1 先炒一下。
3 再倒入高湯煮滾，改小火，溶入味噌，盛出裝碗。

納豆風味與紫蘇香氣能增進食慾

納豆和紫蘇葉

 昆布　 赤

【豆知識】

納豆是能讓身體溫暖的食材，這股力量可推動體內囤積物質，然後再利用紫蘇葉的排毒作用排出體外。

● 材料〈1 人份〉

納豆（磨碎的）1 盒
紫蘇葉 2 片
高湯 150ml
味噌 2 小匙

● 做法

1 在耐熱容器裡倒入高湯，先將味噌攪散溶入，
  再覆上保鮮膜。

2 放進微波爐加熱 2 分鐘後，加入納豆，最後放上
  撕成小片的紫蘇葉。

不去蒂挖籽，完整吸收青椒的營養

青椒

 柴魚 混合

【豆知識】

青椒能夠促進腸胃蠕
動，排除身體平日所累
積的疲勞，而且在心情
浮躁時，還有穩定情緒
的效果。

🍲 材料〈1 人份〉

青椒 1 個
麻油 2 小匙
高湯 150ml
味噌 2 小匙

🍲 做法

1 青椒直刀剖成兩半。

2 平底鍋加麻油燒熱，放入 1，煎至上色。

3 再倒入高湯，煮滾。
   改小火，將味噌攪散溶入湯汁，盛出裝碗。

入口帶點辛辣黏滑的溫潤湯品

里芋和明太子

 昆布 麥

〔豆知識〕

里芋有促進體內水分
代謝的作用，可以消除
水腫。這碗湯添加了明
太子，能讓配色更加多
彩。

🍲 材料〈1 人份〉

里芋（小芋頭）2 個
明太子 2 小匙
高湯 200ml
味噌 2 小匙

🍲 做法

1 里芋對切剖半，明太子去膜（刮出魚卵）。

2 鍋內倒入高湯，先把里芋放進去，煮滾。
 改小火，蓋上鍋蓋，續煮 15 分鐘。

3 將味噌攪散溶入湯汁，盛出裝碗，最後再加上明
 太子。

舞菇

〔豆知識〕

舞菇具有消除水腫的功效，能減輕腳部沉重感，煮過後湯汁顏色會比較黑，可搭配成品色澤偏深的味噌。

❀ 材料〈1 人份〉

舞菇 1/2 包
高湯 150ml
味噌 2 小匙

❀ 做法

1 將舞菇分剝成方便食用的大小。
2 鍋內倒入高湯，加入 1 煮滾。
改小火，攪散味噌溶入湯汁後，盛出裝碗。

令人感到放鬆的美味和風玉米湯

玉米醬和巴西里

 昆布　 白

〔豆知識〕

玉米適合在下半身酸
軟無力、感覺沉重時食
用。這碗湯因為能幫助
消化，也很推薦在吃太
多的時候來上一碗。

🥣 材料〈1 人份〉

玉米醬罐頭 100 公克
巴西里（切碎）適量
高湯 100ml
味噌 2 小匙

🥣 做法

1 在耐熱容器裡倒入高湯，先將味噌攪散溶入，
　再加入玉米醬，覆上保鮮膜。

2 放進微波爐加熱 2 分鐘，取出，撒上巴西里。

湯裡滾動的洋芹粒和豆子超～卡哇伊

西洋芹和綜合雜豆

【豆知識】

帶有強烈香氣的西洋芹
有舒壓放鬆效果，而豆
類中的鷹嘴豆（雪蓮
子）更是消除便祕的好
夥伴。

🥢 材料〈1 人份〉

西洋芹 1 段（約 5 公分）
綜合豆 3 大匙
高湯 150ml
味噌 2 小匙

🥢 做法

1　西洋芹撕去表面粗纖維，切成約 1 公分小塊。
2　鍋內倒入高湯，放入 1 和綜合豆，煮滾。
3　改小火，溶入味噌，盛出裝碗。

吸飽湯汁的水嫩香菇好誘人

香菇和大豆

 柴魚 混合

【豆知識】

香菇和大豆都有補氣
作用，這碗湯不僅喝了
身體好，可以補充元
氣，而且卡路里低，含
有豐富的食物纖維。

● 材料〈1 人份〉

生香菇 1 朵
大豆（水煮）3 大匙
高湯 150ml
味噌 2 小匙

● 做法

1　香菇切成邊長 1 公分的小塊。

2　鍋內倒入高湯，加入 1 和大豆，煮滾。
　　改小火，將味噌攪散溶入湯汁，盛出裝碗。

滋味清爽澄澈的味噌冷湯

玉米和小黃瓜

 昆布　 赤

【豆知識】

含水量高的小黃瓜，具
有良好的解毒效果，很
適合用來幫助身體排
毒和預防夏季倦怠。

🥢 材料〈1 人份〉

玉米罐頭 2 大匙
小黃瓜 1/3 根
高湯 150ml
味噌 2 小匙

🥢 做法

1　用刨刀將小黃瓜削成薄片，
　　抓 1 小撮鹽（此為材料分量外）輕輕搓揉去澀。

2　將高湯倒入容器，攪散味噌溶入湯汁。

3　再加入稍微瀝乾水分的玉米和 1 即成。

「這樣放，是保存味噌美味的關鍵」

味噌的保存場所

保存在室溫下的味噌，內含的酵母持續活躍，很容易變質壞掉。為了要保持味噌的香氣和味道，建議最好是放進冰箱冷藏。若需要長期保存也可以冷凍。

味噌開封後盡量不要接觸到空氣，而袋裝味噌可確實擠出空氣再封存。

若是放在有蓋容器裡的味噌，可先在表面覆上一層保鮮膜再拴緊蓋子。

增加味噌風味

把昆布放入味噌內存放是個好點子，如此一來，昆布的美味會滲入味噌，增添風味，而昆布也會變得柔軟，切碎後可以直接吃。此外，混入薑絲或乾燥香草也能變身風味獨特的味噌。

根據季節變換味噌

米味噌〈白〉等帶甜味的味噌，黏度比較高，在攪拌溶入湯汁後，味噌湯會變得稠稠的，不容易涼掉。而使用米味噌〈赤〉或八丁味噌，煮出來的味噌湯入口清爽，別具風味。

可根據季節分別使用，比如冬天選用有甜味的米味噌〈白〉，夏天就改用湯汁喝起來比較清爽的米味噌〈赤〉或八丁味噌。

第 5 章

幫助消化

本章介紹的是在胃積食、胃食道逆流、食慾不振時，可以派上用場「幫助消化」的味噌湯。喝下一口營養滿點的溫暖湯汁，身體馬上就會有感覺，腸胃也會變得比較輕鬆。

即使食慾不振也能爽快喝下

高麗菜

  柴魚 赤

【豆知識】

高麗菜是天然養胃菜，
能促進腸道蠕動，幫助
恢復胃部正常機能，感
覺胃鄒鄒或胃痛時很適
合喝這碗湯。

◉ 材料〈1 人份〉

高麗菜 1 葉
高湯 150ml
味噌 2 小匙

◉ 做法

1 高麗菜切大塊。
2 鍋內倒入高湯，加入 1 煮滾。
　改小火，然後將味噌攪散溶入湯汁，盛出裝碗。

大口享用分量滿滿的燉煮蕪菁

蕪菁

柴魚　麥

【豆知識】

能溫暖腸胃、緩解腹痛
的蕪菁，適合在消化不
良或感覺便祕時食用，
且蕪菁葉還含有豐富的
維他命 C。

❧ 材料〈1 人份〉

蕪菁（大頭菜）1 個
高湯 180ml
味噌 2 小匙

❧ 做法

1　蕪菁保留約 2 公分莖葉，切成六等分，
　　剩餘葉子切成小段。

2　鍋內倒入高湯和蕪菁，湯滾後改小火，
　　蓋上鍋蓋，續煮 5 分鐘。

3　加入葉子，開大火稍微煮一下，再改小火，
　　攪散味噌溶入湯汁，盛出裝碗。

年糕麻糬轉瞬間就變得軟呼呼的

火鍋麻糬和甜豆

 柴魚 赤

〔豆知識〕

麻糬（日本年糕）和甜豆都能幫助消化機能。這碗湯，將麻糬轉化為能量，很推薦在疲勞時食用。

● 材料〈1 人份〉

火鍋麻糬 2 片
甜豆 2 莢
高湯 150ml
味噌 2 小匙

● 做法

1 甜豆撕去兩側粗纖維，縱向剖成兩半。

2 鍋內倒入高湯煮滾，加入 1，改小火，接著將味噌攪散溶入湯汁。

3 先把煮好的湯盛進碗裡，再放入麻糬片，利用湯汁熱度軟化。

芝麻風味與甘甜味噌的完美結合

里芋

 昆布 白

〔豆知識〕

里芋的黏液能保護腸
胃，具滋養效果，很適
合腸胃虛弱時食用，對
消除便祕也有助益。

☙ 材料〈1 人份〉

里芋 2 個
磨碎白芝麻 1 小匙
高湯 180ml
味噌 2 小匙

☙ 做法

1 里芋切約 1 公分的厚片。

2 鍋內倒入高湯，加入 1 煮滾，改小火，
蓋上鍋蓋，續煮 5 分鐘。

3 將味噌攪散溶入湯汁，盛出裝碗，最後再撒上白
芝麻。

白蘿蔔和蘿蔔葉

 柴魚 混合

〔豆知識〕

白蘿蔔可促進消化、加快腸胃蠕動，是能幫助胃部消化吸收的好朋友，適合吃太多導致胃積食時食用。

❀ 材料〈1 人份〉

白蘿蔔 20 公克
蘿蔔葉 10 公分
高湯 150ml
味噌 2 小匙

❀ 做法

1 白蘿蔔切成長條，蘿蔔葉切碎。
2 鍋內倒入高湯和 1，煮滾改小火，續煮 3 分鐘。
3 攪散味噌溶入湯汁，盛出裝碗。

白飯和地瓜

昆布 赤

〔豆知識〕

地瓜適合食慾不振或
疲勞時食用，腸胃不好
的人還可加入磨碎的
白芝麻。

🍵 材料〈1 人份〉

白飯 50 公克
栗子地瓜 1 塊（約 3 公分）
高湯 180ml
味噌 2 小匙

🍵 做法

1 地瓜切約 1 公分小丁。

2 鍋內倒入高湯、白飯和 1，煮至湯滾後改小火，
續煮 2 分鐘。

3 攪散味噌溶入湯汁，盛出裝碗。

像濃湯那般溫和優雅的味道

馬鈴薯泥和幼嫩沙拉葉

 昆布 白

【 豆知識 】

原本就有益消化的馬
鈴薯，用擦菜板磨成泥
煮湯，營養更容易吸
收。

🍲 材料〈1 人份〉

馬鈴薯 1/2 個
幼嫩沙拉葉適量
高湯 150ml
味噌 2 小匙

🍲 做法

1 鍋內先倒入高湯煮滾，再將馬鈴薯用擦菜板磨成泥
　加進去，一邊加熱一邊攪拌。

2 繼續加熱至沸騰，煮到湯汁呈現濃稠狀，
　改小火，將味噌攪散溶入。

3 盛出裝碗，最後放上幼嫩沙拉葉。

白菜和冬粉

蔬菜　白

【豆知識】

白菜和火腿都有健胃整
腸功效，加上白菜豐富
的維他命 C，這碗湯對
預防感冒和美肌也有幫
助。

● 材料〈1 人份〉

白菜 2 小葉
冬粉 10 公克
火腿 1 片
高湯 180ml　味噌 2 小匙

● 做法

1　白菜葉切大塊，靠近中心較硬部分以斜刀切片。
　　冬粉用剪刀剪成一半，火腿切細絲。

2　鍋內倒入高湯，加入 1，煮滾改小火，
　　接著蓋上鍋蓋，續煮 8 分鐘。

3　將味噌攪散溶入湯汁，盛出裝碗。

食材用油煎過更能增添香氣

油煎白蘿蔔和鮭魚

 昆布　八丁

【豆知識】

吃太多，胃脹不舒服，
白蘿蔔是很好的對症
食材，可以改善腸胃不
適。鮭魚則能幫助虛弱
的腸胃恢復元氣。

● 材料〈1 人份〉

白蘿蔔 1 段（厚約 2 公分）
鹽漬鮭魚 1 片
橄欖油 2 小匙
高湯 200ml
味噌 2 小匙

● 做法

1　白蘿蔔切厚約 1 公分的半圓片，鮭魚對切成兩塊。
2　平底鍋加橄欖油燒熱，放入 1，煎至兩面上色。
3　倒入高湯煮滾，改小火，攪散味噌溶入湯汁，
　　最後盛出裝碗。

香醇濃郁的起司最適合寒冷季節

馬鈴薯和奶油起司

【豆知識】

馬鈴薯能調節腸胃機能，提高消化力。這碗湯還加上能保護腸道黏膜的起司。

◉ 材料〈1 人份〉

馬鈴薯 1/2 個
奶油起司 1 大匙
粗粒黑胡椒少許
高湯 180ml
味噌 2 小匙

◉ 做法

1 馬鈴薯切成約 3 公厘厚的小片（銀杏切）。

2 鍋內倒入高湯和 1，煮滾後改小火，續煮 3 分鐘。

3 攪散味噌溶入湯汁，盛出裝碗，再放入奶油起司，撒上黑胡椒。

添加豆腐的雞肉丸子柔軟又多汁

雞肉丸子和蔥花

混合

【豆知識】

好消化、能幫助恢復精
神和體力的雞肉,很適
合生病時或病癒後想
重新找回體力時食用。

● 材料〈1 人份〉

A　│ 雞絞肉 50 公克
　　│ 豆腐 50 公克
小蔥適量
水 180ml　味噌 2 小匙

● 做法

1　A 料裝入透明塑膠袋裡,用手搓揉混勻。
　　小蔥切成蔥花。

2　鍋內加水煮滾,用湯匙將 A 挖成球狀投入滾水中,
　　丸子全部入鍋後,改小火,續煮 7 分鐘。

3　攪散味噌溶入湯汁,盛出裝碗,最後撒上蔥花。

第 6 章

滋潤身體

體力衰退時最容易出現的狀況是身體水分不足，特別是隨著年齡增長，體內的儲水系統效能越來越差。再來要介紹的是有「滋潤」作用的味噌湯，對在意肌膚乾燥、眼睛乾澀、口渴等狀況的人特別適合。

煮到變軟爛的紅番茄也很好吃

番茄和薑

 柴魚 混合

〔豆知識〕

番茄具有滋潤身體的效
果，這碗湯搭配薑泥，
可以不讓身體太寒冷，
同時改善乾燥問題。

● 材料〈1 人份〉

番茄 1/2 顆
薑少許
高湯 150ml
味噌 2 小匙

● 做法

1 番茄等分切塊，薑用擦菜板磨成泥。
2 鍋內倒入高湯和番茄，煮滾，改小火，
　攪散味噌溶入湯汁。
3 然後盛出裝碗，放上薑泥。

加了奶油的濃郁感也很推薦

蘆筍

柴魚　赤

〔豆知識〕

蘆筍有潤肺作用,能緩
和乾咳。這碗湯清熱利
尿,在發燒的時候也很
適合煮來喝。

🍲 材料〈1 人份〉

綠蘆筍 2 根
高湯 150ml
味噌 2 小匙

🍲 做法

1　綠蘆筍用刨刀削去根部老硬外皮,切斜段。

2　鍋內倒入高湯煮滾,加入 1,
　　改小火再煮一下。

3　然後將味噌攪散,溶入湯汁,盛出裝碗。

連不愛豆漿的人也能接受的溫和口味

豆漿涮豬肉

昆布 白

【豆知識】

豆漿和豬肉的加乘效果
能補充體內水分，這是
一碗在秋冬這種乾燥
季節會想喝的味噌湯。

● 材料〈1 人份〉

火鍋豬肉片 50 公克
小蔥適量　白芝麻適量
高湯、豆漿各 100ml
味噌 2 小匙

● 做法

1 小蔥切成蔥花。
2 鍋內倒入高湯煮滾，放入豬肉片，
　煮到肉片變色後，再把豆漿加進去。
　將味噌攪散溶入湯汁，等湯再次煮滾，即關火。
3 盛出裝碗，最後撒上 1 和白芝麻。

鬆軟煎蛋和香菜

昆布　混合

〔豆知識〕

雞蛋能補充體液，而香
菜可促進水分代謝，使
身體產生水分，從體內
調整身體狀態。

🥢 材料〈1 人份〉

雞蛋 1 個
香菜適量
沙拉油 2 小匙
高湯 150ml　味噌 2 小匙

🥢 做法

1　平底鍋加沙拉油燒熱，蛋打散，將蛋液滑入鍋中，
　　兩面煎熟。

2　再用鍋鏟將 1 切成四等分，倒入高湯煮滾，
　　改小火，攪散味噌溶入湯汁。

3　盛出裝碗，最後再把香菜放上去。

梅干的酸味能促進食慾

煎梅干和海藻（和布蕪）

昆布　赤

【豆知識】

富含檸檬酸的梅子具
有消除疲勞的效果；和
布蕪則能將壞東西排
出體外。

🍲 材料〈1 人份〉

梅干 1 顆
和布蕪（無調味）1 小盒
高湯 150ml
味噌 2 小匙

🍲 做法

1　在耐熱容器裡倒入高湯，先將味噌攪散溶入，
　　接著加入和布蕪，用微波爐加熱 2 分鐘。
2　把梅干放入平底鍋，不加油，乾煎至上色。
3　最後再把 2 加進 1。

＊譯註：和布蕪屬褐藻，為裙帶菜的根部。

善用黏稠且具高滋潤效果的食材

山藥和秋葵

 柴魚 赤

〔豆知識〕

山藥和秋葵都是抗老、
美肌的良伴，食材本身
帶有黏液，所含黏液素
能促進新陳代謝。

● 材料〈1 人份〉

山藥 1 小節（約 3 公分）
秋葵 1 根
高湯 150ml
味噌 2 小匙

● 做法

1 山藥放進透明塑膠袋，敲碎成泥狀。
秋葵切細丁。

2 鍋內倒入高湯，放入秋葵，煮滾。
改小火，將味噌攪散溶入湯汁。

3 盛出裝碗，再加入山藥泥。

不僅低卡路里又很有嚼勁

杏鮑菇

 昆布　 赤

〔豆知識〕

杏鮑菇能補充必要水
分，抑制體內過多的熱
氣，有改善手腳發熱和
盜汗的效果。

🍄 材料〈1 人份〉

杏鮑菇 1 根
橄欖油 2 小匙
高湯 150ml
味噌 2 小匙

🍄 做法

1　杏鮑菇縱切成四等分。
2　平底鍋加橄欖油燒熱，放入 1，煎至兩面上色。
3　倒入高湯煮滾，改小火，
　　接著將味噌攪散溶入，盛出裝碗。

加點胡椒帶些微辣味也很棒

櫛瓜和吻仔魚

 昆布 白

〔豆知識〕

櫛瓜可以冷卻體內潮
熱，搭配有溫暖作用的
吻仔魚，使這碗湯具滋
潤、抗老化的功效。

● 材料〈1 人份〉

櫛瓜 1/2 條
吻仔魚 2 小匙
橄欖油 1 小匙
高湯 150ml
味噌 2 小匙

● 做法

1 櫛瓜切厚約 5 ～ 7 公厘的圓片。
2 平底鍋加橄欖油燒熱，放入 1，煎至兩面上色。
3 倒入高湯，再把吻仔魚加進去，煮滾。
　 改小火，攪散味噌溶入湯汁，盛出裝碗。

番茄的酸甜滋味盡入絕品

小番茄

 柴魚　 赤

〔豆知識〕

小番茄雖然個體小，營
養卻不輸普通番茄，由
於有生津解渴作用，發
熱時還可做為營養和
水分的補充品。

◉ 材料〈1 人份〉

小番茄 6 顆
高湯 150ml
味噌 2 小匙

◉ 做法

1　鍋內倒入高湯，放入小番茄，煮滾。
2　改小火，攪散味噌溶入湯汁，然後盛出裝碗。

味噌與義式料理的絕妙搭檔

莫札瑞拉起司和羅勒

蔬菜　白

〔豆知識〕
莫札瑞拉起司有滋潤肌膚、保護黏膜的功效，羅勒則能穩定心情。

● 材料〈1 人份〉

莫札瑞拉起司 1/2 個
羅勒葉 2 片
高湯 150ml
味噌 2 小匙

● 做法

1 在耐熱容器裡倒入高湯，先將味噌攪散溶入，覆上保鮮膜，放進微波爐加熱 2 分鐘。

2 再把莫札瑞拉起司撕成小塊，加到湯裡面，最後放上撕碎的羅勒葉。

享受厚切蓮藕紮實清脆的口感

蓮藕和鯷魚

蔬菜 白

● 材料〈1 人份〉

蓮藕 1 小節（約 3 公分）
鯷魚 2 片
橄欖油 1 小匙
高湯 200ml
味噌 1 大匙

〔豆知識〕
蓮藕有潤肺作用，具有
止咳良效，和有暖身效
果的鯷魚，是很速配的
食材組合。

● 做法

1　蓮藕切成厚約 7 ～ 8 公厘的半圓片。

2　鍋內加橄欖油燒熱，放入鯷魚，炒至魚肉散開。
　加入高湯和蓮藕，蓋上鍋蓋，續煮 5 ～ 6 分鐘。

3　改小火，攪散味噌溶入湯汁，盛出裝碗。

豬肉湯

混合

【豆知識】

豬肉能滋潤身體、補充能量，而且含有豐富的維他命 B_1，可以有效消除疲勞。

● 材料〈1 人份〉

白蘿蔔 1 小段（約 2 公分）
紅蘿蔔 1 小段（約 3 公分）
蒟蒻 1 塊（約 2 公分）
豬肉片 50 公克　沙拉油 2 小匙
水 200ml　味噌 2 小匙

● 做法

1 白蘿蔔和紅蘿蔔切小片（銀杏切），蒟蒻切小塊。
2 鍋內加沙拉油燒熱，放入豬肉片，炒至變色。
3 加入 1 和水，蓋上鍋蓋，煮 5 分鐘，
　改小火，攪散味噌溶入湯汁，盛出裝碗。

「這樣吃，發現味噌料想不到的功效」

關於鹽分

味噌湯含鹽量大概是一碗1～1.3公克，並不是太多。我們知道鹽分攝取過多會是導致高血壓的其中一個原因，但味噌也被認為是能有效控制血壓，如果因為要控制鹽分攝取，而不喝營養豐富的味噌湯，是非常可惜的。

在意攝入鹽分過多的人，可以在湯裡面加入能排出鹽分的海藻類、黃綠色蔬菜，以及根莖類的食材。

關於宿醉

含有優質蛋白質和礦物質，又能幫助肝臟作用的味噌，是改善宿醉的好幫手。它能有效排出體內未分解完全的酒精，前一晚喝太多的人務必試試看，隔天早上起床多喝一些味噌湯，宿醉症狀很快就會獲得改善。

抗氧化作用

味噌含有類黑精（melanoidin）這種褐色的色素成分。由於類黑精能抑制導致老化的活性氧分子，具有強效抗氧化作用，能有效防止老化和生活習慣病，因而備受注目。發酵時間越久，顏色越深的味噌，其抗氧化作用也越高。

第 1 章

消炎解熱

身體發炎如長痘痘，或是感冒發燒時，能有效降熱很重要。搭配有溫暖身體作用的味噌，不會降熱過頭，導致身體寒冷，還能有效控制症狀。

留住營養的豆子是好湯料

豆芽菜

〔豆知識〕

豆芽菜能幫助體內過多
的熱排出，顏面潮紅、
身體發熱，或是吃太多
胃不舒服的時候，很適
合煮這碗湯來喝。

🫘 材料〈1 人份〉

豆芽菜 1/3 包
麻油 2 小匙
高湯 150ml
味噌 2 小匙

🫕 做法

1　鍋內加麻油燒熱，放入豆芽菜炒一炒。
2　倒入高湯煮滾，改小火，然後再煮一下。
3　將味噌攪散溶入湯汁，盛出裝碗。

竹筍和荷蘭豆

柴魚　混合

〔豆知識〕

竹筍可降熱，荷蘭豆能
提高體內水分代謝，使
這碗湯消除夏日疲憊的
效果更佳。

● 材料〈1 人份〉

水煮竹筍（小）1/2 根
荷蘭豆 2 莢
高湯 150ml
味噌 2 小匙

● 做法

1　竹筍切長條塊（形似梳子），荷蘭豆斜切對半。
2　鍋內倒入高湯，把竹筍放進去煮滾，
　　改小火，然後加入荷蘭豆。
3　攪散味噌溶入湯汁，盛出裝碗。

清涼消暑的夏季蔬菜組合

茄子和番茄

 蔬菜　白

〔豆知識〕

茄子和番茄都有冷卻
身體的效果，想要避免
身體變太寒涼，可在翻
炒時加入大蒜。

◈ 材料〈1 人份〉

茄子 1 條
番茄 1/2 顆
橄欖油 2 小匙
高湯 150ml
味噌 2 小匙

◈ 做法

1　茄子、番茄切成 1 公分小丁。
2　鍋內加橄欖油燒熱，放入 1 翻炒。
3　倒入高湯煮滾，改小火，
　　將味噌攪散溶入湯汁，然後盛出裝碗。

就是這麼柔軟溫和的味道
冬瓜

柴魚　白

【豆知識】

冬瓜不只能冷卻身體
過多的熱，還有利尿作
用，對水腫或宿醉也有
效果。

🥢 材料〈1 人份〉

冬瓜 50 公克
高湯 150ml
味噌 2 小匙

🥢 做法

1　冬瓜去皮和籽囊，切成一口大小。
　　然後用保鮮膜包起來，放進微波爐加熱 2 分鐘。
　　取出，包上廚房紙巾，用手把冬瓜捏爛。
2　在耐熱容器裡倒入高湯，攪散味噌溶入湯汁，
　　覆上保鮮膜，再放進微波爐加熱 2 分鐘。
3　最後把 1 加入 2。

加入酸菜讓味道更有深度

碎豆腐和酸菜

 昆布　 麥

【豆知識】

豆腐和酸菜的組合，在
喉嚨痛的時候喝最好。
但為了不讓豆腐把身體
弄太涼，所以用能暖身
的酸菜來調整。

● 材料〈1 人份〉

傳統豆腐（木棉豆腐）1/4 塊
酸菜（高菜漬）2 小匙
高湯 150ml
味噌 2 小匙

● 做法

1 豆腐放進耐熱容器搗碎，
　加入高湯，將味噌攪散溶入湯汁。

2 覆上保鮮膜，放進微波爐加熱 2 分鐘，
　最後放上酸菜。

＊編按：日本「高菜漬」類似台灣的酸菜，可做為替代食材。

蕎麥麵和海苔

【豆知識】

蕎麥麵能夠排除身體
多餘的熱,而海苔有保
護皮膚作用,兩者相加
能改善油脂分泌,防止
皮膚乾燥。

❀ 材料〈1 人份〉

蕎麥麵 50 公克
海苔碎片適量
高湯 150ml
味噌 2 小匙

❀ 做法

1 蕎麥麵對折,照包裝標示方法煮好,放進碗裡。
2 鍋內倒入高湯,煮滾,改小火,
  將味噌攪散溶入湯汁。
3 把 2 放進 1,最後加上海苔。

微微的茶湯韻味食後好清爽

綠茶白蘿蔔

 柴魚　白

〔豆知識〕

綠茶在發熱、情緒煩躁
時，或是皮膚乾燥缺水
時，非常推薦。適量的
白蘿蔔對生理痛也有緩
解效果。

● 材料〈1 人份〉

白蘿蔔 1 小塊（厚約 2 公分）
高湯 100ml
綠茶 80ml
味噌 2 小匙

● 做法

1　白蘿蔔切成細條。

2　鍋內倒入高湯和綠茶，加入 1 煮滾，
　　改小火，蓋上鍋蓋，續煮 3 分鐘。

3　攪散味噌溶入湯汁，盛出裝碗。

沒有食慾時也停不下筷子

結球萵苣和海帶芽

 蔬菜 白

【豆知識】

萵苣和海帶芽能消除體
內過多的熱，有夏季倦
怠症狀或顏面潮紅時，
非常適合喝這碗湯。

🍽 材料〈1 人份〉

結球萵苣 2 葉
乾燥海帶芽 1 小匙
白芝麻 1 小匙
高湯 150ml
味噌 2 小匙

🍽 做法

1 結球萵苣撕大塊。

2 鍋內倒入高湯，放入海帶芽，煮滾。
  加入 1，改小火，將味噌攪散溶入湯汁。

3 盛出裝碗，最後撒上白芝麻。

把健康的燉煮食材放進味噌湯

羊栖菜和紅蘿蔔

 昆布　 赤

〔豆知識〕

羊栖菜有消炎作用，而
紅蘿蔔可抗氧化、幫助
血液循環順暢，這碗湯
在對付肌膚暗沉問題時
特別推薦。

● 材料〈1 人份〉

芽羊栖菜 1 大匙
紅蘿蔔 1 小段（厚約 2 公分）
高湯 150ml
味噌 2 小匙

● 做法

1 芽羊栖菜放進過濾網篩清洗，紅蘿蔔切絲。
2 鍋內倒入高湯和 1，煮滾改小火，
　續煮 1 ～ 2 分鐘。
3 再將味噌攪散溶入湯汁，盛出裝碗。

＊編按：羊栖菜是天然海藻，又稱鹿尾菜，菜體部分稱芽羊栖菜，乾品呈黑色。

稍微刮去表皮而保留牛蒡風味

牛蒡

柴魚　赤

【豆知識】

牛蒡對腫脹的痘痘具
有良效，而且富含膳食
纖維，對預防便祕和排
毒也有助益。

🍲 材料〈1 人份〉

牛蒡 1 段（約 10 公分）
高湯 150ml
味噌 2 小匙

🍲 做法

1 牛蒡用刨刀刨成一條條薄片。
2 鍋內倒入高湯，加入 1 煮滾，改小火，
　續煮 1 ～ 2 分鐘。
3 將味噌攪散溶入湯汁，盛出裝碗。

來碗清涼味噌湯幫助身體降溫

小黃瓜和柴魚片

 昆布　 赤

【豆知識】

小黃瓜能改善夏季倦
怠，以及久待冷氣房造
成的水腫，是很好的夏
日蔬材。柴魚片則讓效
果更加乘。

🥢 材料〈1 人份〉

小黃瓜 1/3 根
柴魚片 1 盒
磨碎白芝麻 1 小匙
高湯 150ml
味噌 2 小匙

🥢 做法

1 小黃瓜切圓形薄片，柴魚片用手抓散。
2 在容器裡倒進高湯，攪散味噌溶入。
3 放入 1，撒上白芝麻。

第 8 章

寧心安神

情緒煩躁或沮喪等不安定的精神狀態，形成原因意外地經常和身體狀況不平衡有關。喝一碗能放鬆身心的味噌湯，為生活添加悠閒放鬆的時間吧！

濃郁高湯加上奶油使美味更升級

蛤蜊和奶油

赤

【豆知識】

蛤蜊可以安定精神，奶油則能幫助消除疲勞和壓力，這碗湯適合在無精打采，需要提振精神的時候喝。

🍲 材料〈1 人份〉

蛤蜊（已吐沙）80 公克

奶油 10 公克

水 150ml

味噌 2 小匙

🍲 做法

1　蛤蜊刷洗後放進鍋內，然後加水煮滾。

2　改小火，看到蛤蜊殼打開，即攪散味噌溶入湯汁。

3　盛出裝碗，最後放上奶油。

煮好的成品還帶有清脆口感

白菜

柴魚　赤

〔豆知識〕

白菜能緩和不安的心情，女性生理期前或更年期感覺煩躁時，不妨也來上一碗！

◉ 材料〈1 人份〉

白菜 1 小葉
高湯 150ml
味噌 2 小匙

◉ 做法

1　白菜切大塊。
2　鍋內放入 1 和高湯，煮滾後改小火，續煮 1～2 分鐘。
3　攪散味噌溶入湯汁，盛出裝碗。

蜆仔的美味沁入浸潤身體各部

蜆仔和鴨兒芹

【豆知識】

為避免貝類重壓相疊，
蜆仔買回來可放入較
淺的容器，加鹽水淹蓋
過，然後放進冰箱冷藏
30 分鐘，靜待吐沙。

● 材料〈1 人份〉

蜆仔（已吐沙）80 公克
鴨兒芹（山芹菜）2 株
水 150ml
味噌 2 小匙

● 做法

1　蜆仔殼用清水刷洗乾淨，鴨兒芹切段。

2　鍋內倒入水，放入蜆仔，煮滾，
　　改小火，繼續煮到蜆仔的殼打開。

3　攪散味噌溶入湯汁，加進鴨兒芹，盛出裝碗。

放上散發淡淡馨香的蘘荷

麵線和蘘荷

〔豆知識〕

這碗湯還可放入能除
煩解鬱、消除疲勞的洋
蔥,或是和可以改善水
腫的茄子等一起煮。

◉ 材料〈1 人份〉

麵線 50 公克
蘘荷(茗荷)1/2 個
高湯 250ml　味噌 2 小匙

◉ 做法

1　麵線對折,蘘荷切薄片。

2　鍋內倒入高湯煮滾,放入麵線,煮到湯再次滾沸,
　　改小火,續煮 2 分鐘。

3　攪散味噌溶入湯汁,盛出裝碗,最後放上蘘荷。

＊編按:蘘荷是一種類似野薑花的植物,花蕾可食用,在Jasons、微風和新光
　　三越等日系超市可買到。

能控制熱量又含有豐富纖維

羊栖菜和蒟蒻絲

 昆布 混合

〔豆知識〕

羊栖菜具有安定心神
的作用，而且和蒟蒻麵
一樣，都含有豐富的膳
食纖維，能幫助腸道暢
通。

🍃 材料〈1 人份〉

芽羊栖菜 2 小匙
蒟蒻麵（即食）50 公克
高湯 150ml
味噌 2 小匙

🍃 做法

1　芽羊栖菜放進過濾網篩清洗，蒟蒻麵切成方便食
　　用的長度。

2　鍋內倒入高湯，加入 1，煮滾後改小火，
　　續煮 1～2 分鐘。

3　將味噌攪散溶入湯汁，盛出裝碗。

通過加熱得到新的美味
西洋菜

柴魚 ⦿白⦿

〔豆知識〕

西洋菜是可清心潤肺、幫助氣血循環的食材，同時也有改善眼睛疲勞的作用。

◉ 材料〈1人份〉

西洋菜（豆瓣菜、水蘿菜）1/2 把
高湯 150ml
味噌 2 小匙

◉ 做法

1 西洋菜如果太長就切成容易食用的長度。
2 鍋內倒入高湯，煮滾後放進 1。
3 改小火，將味噌攪散溶入湯汁，盛出裝碗。

宛如奶油濃湯般香滑潤口

菠菜和優格

昆布　赤

〔豆知識〕

菠菜能補充精力和體
力，還能讓心情放鬆。
優格能防止煩躁。

● 材料〈1 人份〉

菠菜 2 株
優格（含水量隨個人喜好）2 小匙
高湯 150ml
味噌 2 小匙

● 做法

1 菠菜切成數段。

2 鍋內倒入高湯煮滾，接著加入 1，改小火。
　 煮到湯再次滾沸，攪散味噌溶入。

3 盛出裝碗，然後加上優格。

青江菜和火腿

〔豆知識〕

青江菜能緩解心理不安，有助放鬆安眠。輾轉反側，睡不著的時候喝這碗湯很適合。

🍲 材料〈1 人份〉

青江菜 1/2 株
火腿 1 片
高湯 150ml
味噌 2 小匙

🍲 做法

1 青江菜葉切成方便食用大小，莖切三等分。火腿切成條狀。

2 鍋內倒入高湯，放進青江菜莖和火腿，煮滾。改小火，再加入菜葉，續煮 2 分鐘。

3 將味噌攪散溶入湯汁，盛出裝碗。

蠔油的甜味十分獨特

蠔油和青椒

蔬菜　赤

〔豆知識〕

蠔油能夠補充能量，預防憂鬱症上身；青椒則有幫身體充電，恢復精神和體力的效果。

◉ 材料〈1 人份〉

冬粉 10 公克
青椒 1/2 個
高湯 180ml
味噌、蠔油各 1 小匙

◉ 做法

1 冬粉用剪刀剪成方便食用的長度，青椒切絲。

2 鍋內倒入高湯，加入冬粉，煮滾改小火，
　續煮 5 分鐘。

3 加入青椒稍微再煮一下，
　接著溶入味噌和蠔油，盛出裝碗。

巴附濃縮在麵疙瘩上的美味

麵疙瘩和韭菜

〔豆知識〕

麵粉能給予身心力量，
讓心情平靜。這碗湯搭
配能消除疲勞的韭菜，
可以補充能量。

● 材料〈1 人份〉

韭菜 2 株

A｜麵粉 2 大匙
　｜豆腐 25 公克

高湯 180ml　味噌 2 小匙

● 做法

1 把 A 料放進透明塑膠袋，充分揉搓混合。
　韭菜切成長約 3 公分的小段。

2 鍋內倒入高湯，煮滾改小火，
　接著將 1 的麵糰捏成一口大小，放進湯裡。

3 煮到麵疙瘩浮起，再加入韭菜，
　攪散味噌溶入湯汁，最後盛出裝碗。

「這樣看，味噌湯的歷史由來」

味噌湯的起源

味噌湯起源有兩種說法，一是從古代中國傳至飛鳥時代的發酵技術在日本發展成獨自的型態，另一說是繩文時代橡實等製作的發酵食品為其源頭。

奈良時代和平安時代已可於寺院和貴族之間察見食用情況，那時味噌還是庶民遙不可及的高級品。

味噌湯於鎌倉時代誕生

味噌用來做味噌湯是在鎌倉時代，當時的武士飲食習慣「一湯一菜」廣為流傳，於是有了喝味噌湯的習慣。味噌在戰國時代是重要的營養來源，各地方擁有自己武力的領主也流行在自家釀造味噌。

江戶時代成為庶民必需品

到了日本江戶時代，味噌成了對庶民不可或缺的存在。江戶因人口眾多，生產跟不上需求，於是仙台、三河等各地的味噌全都匯集到了江戶。戰爭時雖曾有一段時期禁止製造味噌，但現在味噌的營養受到關注，連在國外也很受歡迎。

味噌丸子

「想更輕鬆喝到有食療功效的味噌湯！」有這種需求的人，建議把食材、味噌和柴魚片，用保鮮膜包裹在一起，做成味噌丸子。如此一來，方便保存、攜帶，只要有杯子和熱水，就算外出也能享用味噌湯。

味噌丸子做法

把所有材料用保鮮膜包起來的超簡單食譜。
可隨意做各種搭配，不妨試試看自己喜歡的組合。

🍶 材料〈1個分〉

喜歡的味噌 2 小匙
柴魚片 2 小撮（約 3 公克）
喜歡的食材適量

※ 水分含量少的食材比較合適。
　 根莖類等較硬的食材請盡量切薄片。
※ 經微波爐加熱過的食材要等冷卻後再製作。

🍶 做法

1 味噌抹上保鮮膜，放入柴魚
片和食材。

2 把保鮮膜包成丸子狀，用美
力帶（魔帶）或橡皮筋束好。

要喝湯的時候……

打開外包裝的保鮮膜，將味噌丸子扣到碗裡，
加入 150 ～ 180ml 的熱水，混合均勻。

保存期限：冷藏約 4 天／冷凍約 1 個月
可離開冰箱攜帶外出的時間：約 6 小時

〈 溫暖身體 〉

味噌丸子 _ 01

吃得到蕪菁爽脆口感

薑＋蕪菁

❀ 材料和做法〈1 個份〉

薑末 1 小匙，
帶莖葉蕪菁 1/4 個
切 1 公厘薄片，
做成味噌丸子。

味噌丸子 _ 02

稍微夾帶些異國風味

香菜＋竹輪

❀ 材料和做法〈1 個份〉

香菜 3 株切段，
竹輪 1/2 條切圓片狀，
做成味噌丸子。

味噌丸子 _ 03

辛香蔬材氣味清爽宜人

蔥＋蘘荷＋紫蘇葉

❀ 材料和做法〈1 個份〉

蔥白段 3 公分切粗末、
蘘荷 1/2 個切薄片，
紫蘇葉 1 片切絲，
做成味噌丸子。

〈 補給能量 〉

味噌丸子_ 04
蛋切開會讓味道更圓潤
鵪鶉蛋＋蘿蔔嬰

🍳 材料和做法 〈1 個份〉
蘿蔔嬰切段 1 大匙，
水煮鵪鶉蛋 2 個，
做成味噌丸子。

味噌丸子_ 05
值得來一碗的味噌湯
鮪魚罐頭＋高麗菜

🍳 材料和做法 〈1 個份〉
高麗菜 1/4 葉撕成小片，
用保鮮膜包好放進微波爐加熱 20 秒，
搭配濾掉湯汁的鮪魚 1 大匙，
做成味噌丸子。

味噌丸子_ 06
含兩種魚的高湯滋味濃厚
吻仔魚＋鴨兒芹

🍳 材料和做法 〈1 個份〉
鴨兒芹切段 2 大匙，
吻仔魚 1 大匙，
做成味噌丸子。

味噌丸子_07

讓人放鬆的溫和甜味

魷魚絲＋紅蘿蔔

● 材料和做法〈1 個份〉

紅蘿蔔 10 公克切厚約 1 公厘
小片（銀杏切），
魷魚絲 5 公克剪成 2 公分小段，
做成味噌丸子。

味噌丸子_08

白飯好朋友變味噌湯料

鮭魚香鬆＋京水菜

● 材料和做法〈1 個份〉

鮭魚香鬆 1 大匙，
京水菜 3 株切 2 公分小段，
做成味噌丸子。

味噌丸子_09

像西式湯品一樣的味道

綜合堅果＋巴西里

● 材料和做法〈1 個份〉

綜合堅果 1 大匙稍微切碎，
巴西里葉子摘取 2 大匙，
做成味噌丸子。

〈 加速排毒 〉

味噌丸子_10

彩椒讓人驚豔的甜味
櫻花蝦＋黃椒

🍴 材料和做法〈1 個份〉

黃椒 1/8 個切成 1 公分小丁，
用保鮮膜包好放進微波爐加熱 20 秒，
加上櫻花蝦 1 大匙，
做成味噌丸子。

味噌丸子_11

加了泡菜瞬間變成韓式風味
乾燥海帶芽＋泡菜

🍴 材料和做法〈1 個份〉

乾燥海帶芽 1 小匙，
泡菜 2 大匙，
做成味噌丸子。

※ 建議食用時注入 180ml 熱水沖開。

味噌丸子_12

梅子的酸味相當提味
昆布絲＋梅干肉

🍴 材料和做法〈1 個份〉

昆布絲 1 大匙，
梅干肉 1/2 小匙，
做成味噌丸子。

※ 建議食用時注入 180ml 熱水沖開。

味噌丸子_13
以微辣風味促進食慾
洋蔥＋豆瓣醬

☕ 材料和做法〈1 個份〉

洋蔥 10 公克切薄片，
用保鮮膜包好放進微波爐加熱 30 秒，
搭配豆瓣醬 1/4 小匙，
做成味噌丸子。

味噌丸子_14
把鬆軟地瓜包進味噌丸子
地瓜＋小蔥

☕ 材料和做法〈1 個份〉

地瓜 20 公克切厚約 3 公厘半圓片，
先裹濕紙巾再包保鮮膜放進微波爐加熱 2 分鐘，
搭配切成蔥花的小蔥 1 小匙，
做成味噌丸子。

味噌丸子_15
削片白蘿蔔口感令人上癮
白蘿蔔＋火腿

☕ 材料和做法〈1 個份〉

白蘿蔔 10 公克
用刨刀削成薄片，
火腿 1 片切 1 公分小丁，
做成味噌丸子。

{ 味噌丸子 _ 16
馥郁醇厚的堅果香堪稱極品
花生＋培根

🌰 材料和做法〈 1 個份〉

切碎的花生 1 大匙，
培根 1/2 片切成
寬約 1 公分長條，
做成味噌丸子。

{ 味噌丸子 _ 17
香濃且帶有喉韻的味噌湯
西洋菜＋麵衣碎粒

🌰 材料和做法〈 1 個份〉

西洋菜 1 株切數段，
麵衣碎粒（炸麵衣）1 大匙，
做成味噌丸子。

{ 味噌丸子 _ 18
沖泡熱水讓起司融化在湯裡
加工起司＋蘆筍

🌰 材料和做法〈 1 個份〉

綠蘆筍 1 根斜刀切段，
用保鮮膜包好
放進微波爐裡面加熱 20 秒。
搭配加工起司 1 塊切小丁，做成味噌丸子。

味噌丸子_19
乾物會隨著沖泡時間變柔軟
油豆腐皮＋乾蘿蔔絲

❀ 材料和做法〈1 個份〉

乾蘿蔔絲 5 公克先用清水沖洗過，
再泡水 5 分鐘，取出把水擠乾，
搭配油豆腐皮 2 公分切細絲，
做成味噌丸子。

味噌丸子_20
也可改用其他喜好的菇類
麵麩＋鴻喜菇

❀ 材料和做法〈1 個份〉

鴻喜菇 1/4 包切掉根部後剝散，
用保鮮膜包好放進微波爐
加熱 20 秒。
搭配 3 個麵麩組合，做成味噌丸子。

味噌丸子_21
溶在湯裡面的雙重美味
洋菇＋小番茄

❀ 材料和做法〈1 個份〉

洋菇 2 朵切成 1 公厘薄片，
小番茄 2 顆對切剖半，
做成味噌丸子。

〈 寧心安神 〉

{ 味噌丸子_22
西洋芹的香氣讓人很放鬆
吻仔魚＋西洋芹葉

● 材料和做法〈1 個份〉

吻仔魚 1 大匙，
西洋芹葉 3 片切數段，
做成味噌丸子。

{ 味噌丸子_23
芝麻顆粒帶來趣味口感
菠菜＋白芝麻

● 材料和做法〈1 個份〉

菠菜 1 株切成 3 公分小段，
用保鮮膜包好放進
微波爐加熱 20 秒，擠乾水分，
搭配白芝麻 1 小匙，做成味噌丸子。

{ 味噌丸子_24
混合麻油變幻出濃郁效果
白菜＋麻油

● 材料和做法〈1 個份〉

白菜葉 1 片切絲，
麻油 1 小匙和味噌混合均勻，
做成味噌丸子。

省時省力！

食材冷凍也有小撇步

先把味噌湯需要食材冷凍起來，想吃的時候就能馬上製作，方便又不費力。
請務必要在閒暇的時候先做好冷凍備料。

小撇步 ———————————————————— ❶

少量使用的辛香料先切好冷凍

蔥花或是薑末都能放入夾鏈袋冷凍保存。看是要
依每次使用分量，用保鮮膜包起來，或是攤平以筷
子壓出溝痕，放進冰箱冷凍，使用時只要折取適量
加進味噌湯。

小撇步 ———————————————————— ❷

蔬菜燙過後也可以冷凍

青菜類汆燙後把水分擠乾，切成容易食用的大小，
用保鮮膜按每次使用分量包好一份一份，就可以
放進夾鏈袋冷凍保存。綠花椰或白花椰、紅蘿蔔之
類的蔬菜，同樣也是切好汆燙就能冷凍。

小撇步 ———————————————————— ❸

用在味噌湯的肉或魚貝類也能冷凍

切片的魚可以一片一片包，肉就依每次使用分量用
保鮮膜包好，然後放進夾鏈袋冷凍保存。貝類吐沙
後就能直接放進夾鏈袋冷凍，要用時不需再處理
非常方便。

【使用食材分類索引】

還記得前面說的「食物各有藥效」嗎？書中開頭的食材介紹是以 8 大功效分類，幫助我們了解平常食物中使用的食材，對身體有什麼食療效果、對應的適應症及適用時機。而要善用家中現有或自己所偏愛食材做出美味健康的味噌湯品，可以利用本單元整理的分類索引迅速查找。

	食材名	頁次	適用對症
豆類／豆製品	大豆	70（水煮）	加速排毒
	納豆	26、64（碎）	溫暖身體、加速排毒
	豆漿	43、88	補給能量、滋潤身體
	豆腐	84、61（嫩豆腐）、104（木棉豆複）、121	幫助消化、加速排毒、消炎解熱、寧心安神
	油豆腐皮	131	消炎解熱
肉類（含加工肉品）／蛋	牛肉	36	補給能量
	雞肉	27（胸肉）、32（腿肉）、37（絞肉）、84（絞肉）	溫暖身體、補給能量、幫助消化
	豬肉	88（火鍋肉片）、97	滋潤身體
	火腿片	81、119、129	幫助消化、寧心安神
	培根	56、130	改善循環、滋潤身體
	德式香腸	55	改善循環
	雞蛋	28、34（荷包蛋）、39（蛋花）、89（鬆軟煎蛋）	溫暖身體、補給能量、滋潤身體
	鵪鶉蛋	126	補給能量
魚貝類（含海產加工品）	蛤蜊	112	寧心安神
	蜆仔	114	寧心安神
	蝦仁	30	溫暖身體
	綜合海鮮	53（透抽、蝦仁、干貝等）	改善循環
	吻仔魚	93、126、132	滋潤身體、補給能量、寧心安神
	鰤魚	31	溫暖身體
	鱈魚	58	改善循環
	鮭魚	82（鹽漬）、127（香鬆）	幫助消化、改善循環
	鰻魚	96	滋潤身體
	鮪魚	126（罐頭）	補給能量
	鯖魚	51（罐頭）	改善循環
	明太子	66	加速排毒
	竹輪	125	溫暖身體
	柴魚片	110	消炎解熱
	魷魚絲	127	改善循環
	櫻花蝦	128	加速排毒

	高麗菜	35（油煎）、74、126	補給能量、幫助消化
葉菜類（含辛香類）	白菜	81、113、132	幫助消化、寧心安神
	西生菜	34、53	補給能量、改善循環
	結球萵苣	107	消炎解熱
	白花椰	41	補給能量
	綠花椰	40	補給能量
	菠菜	44、118、132	補給能量、寧心安神
	青江菜	50、119	改善循環、寧心安神
	小松菜	62	加速排毒
	西洋菜	117、130	寧心安神、滋潤身體
	京水菜	127	改善循環
	幼嫩沙拉葉	80	幫助消化
	羅勒	95	滋潤身體
	巴西里	25、68、127	溫暖身體、加速排毒、改善循環
	紫蘇葉	23、64、125	溫暖身體、加速排毒
	香菜	32、89、125	溫暖身體、滋潤身體
	鴨兒芹	114、126	寧心安神、補給能量
	西洋芹	55、69、132（葉）	改善循環、加速排毒、寧心安神
	韭菜	48、121	改善循環、寧心安神
	大蒜	28	溫暖身體
	小蔥	84、88、129	幫助消化、滋潤身體
	長蔥（蔥白）	22、51、125	溫暖身體、改善循環
	珠蔥	36	補給能量
	薑	27、60（生薑）、86、125	溫暖身體、加速排毒、滋潤身體
花果瓜菜類	小番茄	94、131	滋潤身體、消炎解熱
	番茄	86、102	滋潤身體、消炎解熱
	秋葵	91	滋潤身體
	青椒	65、120	加速排毒、寧心安神
	彩椒	42（黃）、63（黃、紅）、128（黃）	補給能量、加速排毒
	糯米椒	57	改善循環
	茄子	52、102	改善循環、消炎解熱
	蘘荷	115、125	寧心安神、溫暖身體
	小黃瓜	71、110	消炎解熱、加速排毒
	櫛瓜	93	滋潤身體
	冬瓜	103	消炎解熱

	食材名	頁次	適用對症
豆菜類	青豆仁	45	補給能量
	甜豆	39、76	補給能量、幫助消化
	荷蘭豆	58、101	改善循環、消炎解熱
	豆芽菜	100	消炎解熱
	蘿蔔嬰	126	補給能量
根莖類	紅蘿蔔	23、45、97、108、127	溫暖身體、補給能量、滋潤身體、消炎解熱、改善循環
	白蘿蔔	78（含葉）、82（油煎）、97、106、129、131（乾蘿蔔絲）	幫助消化、滋潤身體、消炎解熱
	蕪菁	30、75（含葉）、125	溫暖身體、幫助消化
	山藥	91	滋潤身體
	馬鈴薯	25、37、80（泥）、83	溫暖身體、補給能量、幫助消化
	地瓜（栗子地瓜）	38、79、129	補給能量、幫助消化
	南瓜	43	補給能量
	里芋	66、77	加速排毒、幫助消化
	牛蒡	109	消炎解熱
	蓮藕	54、96	改善循環、滋潤身體
	洋蔥	24、56、129	溫暖身體、改善循環、幫助消化
	蘆筍	87、130	滋潤身體
	竹筍	101	消炎解熱
菇類	香菇	70	加速排毒
	洋菇	131	消炎解熱
	滑菇	26	溫暖身體
	舞菇	67	加速排毒
	杏鮑菇	92	滋潤身體
	金針菇	49	改善循環
	鴻喜菇	49、131	改善循環、消炎解熱
藻類	羊栖菜	108、116	消炎解熱、寧心安神
	和布蕪	90	滋潤身體
	昆布絲	128	加速排毒
	海苔	105（碎片）	消炎解熱
	海帶芽（乾燥）	60、107、128	加速排毒、消炎解熱
	海蘊	61	加速排毒
五穀雜糧	白飯	79	幫助消化
	玉米	68（醬）、71（粒）	加速排毒
	白芝麻	88、107、132	滋潤身體、消炎解熱、寧心安神

堅果	杏仁果	41	補給能量
	花生	130	滋潤身體
	綜合堅果	127	改善循環
	綜合雜豆	69	加速排毒
其他／加工漬物	火鍋麻糬	76	幫助消化
	冬粉	81、120	幫助消化、寧心安神
	蕎麥麵	105	消炎解熱
	麵衣碎粒	130	滋潤身體
	麵粉（麵疙瘩）	121	寧心安神
	麵線	115	寧心安神
	麵麩	131	消炎解熱
	蒟蒻	97、116（絲）	滋潤身體、寧心安神
	加工起司	130	滋潤身體
	起司（披薩用）	24	溫暖身體
	起司（莫札瑞拉）	95	滋潤身體
	奶油起司	83	幫助消化
	奶油	112	寧心安神
	優格	118	寧心安神
	綠茶	106	消炎解熱
	酪梨	42	補給能量
	梅干	90（煎）、128（梅肉）	滋潤身體、加速排毒
	泡菜	29、128	溫暖身體、加速排毒
	酸菜（高菜漬）	104	消炎解熱
	黑胡椒（粗粒）	83	幫助消化
	辣椒（粉）	31	溫暖身體
	咖哩（粉）	43	補給能量
	麻油	132	寧心安神
	蠔油	120	寧心安神
	豆瓣醬	129	幫助消化

參考文獻

《醫心方——食養篇》丹波康賴／著；槙佐知子／譯（筑摩書房）

《お味噌のことが丸ごとわかる本》東京生活編輯部／編（枻出版社）

《現代の食卓に生かす「食物性味表」——薬膳ハンドブック》仙頭正四郎、日本中醫食養學會／著（日本中醫食養學會）

《味噌・醬油入門》山本泰、田中秀夫／著（日本食糧新聞社）

《味噌力》渡邊敦光／著（KANKI出版）

《薬膳素材辭典：健康に役立つ食薬の知識》辰巳洋／編（源草社）

結語

從常見湯料，

到平常不會想到要放進味噌湯的食材，

這本書中所介紹的「食療味噌湯」

使用了各式各樣的材料入湯。

從高湯製作到湯品完成，

料理手法非常簡單，

藉助一碗可以吃進多種食材的味噌湯，

要補充營養其實真的非常容易。

在忙碌的現代社會中，

雖然還不到要去醫院的程度，

但感覺身體不適的「未病」之人比比皆是。

做一份味噌湯來喝，

對於每個忙碌沒有時間的人來說，

算是比較容易做到、最適合用來自我保健的料理。

透過這本書的傳達，

希望大家都能將「食療味噌湯」變成每日餐飲習慣。

只要持續不斷，喝每天身體需要的湯，

一定會感覺到身體的變化。

國家圖書館出版品預行編目資料

5分鐘味噌湯療：簡單×省時×對症～用114道料
多味美的味噌湯喝出每日健康 / 大友育美著；
李韻柔譯. -- 臺北市：商周出版：家庭傳媒城邦
分公司發行, 2017.12
　　面； 　公分. -- (商周養生館；59)
ISBN 978-986-477-370-1 (平裝)

1.食譜 2.湯 3.食療

427.1　　　　　　　　　　　　106022122

商周養生館 59

5分鐘味噌湯療——簡單×省時×對症～用114道料多味美的味噌湯喝出每日健康

作　　　者／大友育美
譯　　　者／李韻柔
攝　　　影／澤木央子
企 畫 選 書／林淑華
責 任 編 輯／林淑華

版　　　權／吳亭儀、翁靜如、林心紅
行 銷 業 務／張媖茜、黃崇華
總 編 輯／黃靖卉
總 經 理／彭之琬
發 行 人／何飛鵬
法 律 顧 問／元禾法律事務所王子文律師
出　　　版／商周出版
　　　　　　台北市 104 民生東路二段 141 號 9 樓
　　　　　　電話：(02) 25007008　傳真：(02)25007759
　　　　　　E-mail：bwp.service@cite.com.tw
發　　　行／英屬蓋曼群島商家庭傳媒股份有限公司城邦分公司
　　　　　　台北市中山區民生東路二段 141 號 2 樓
　　　　　　書虫客服服務專線：02-25007718；25007719
　　　　　　24 小時傳真專線：02-25001990；25001991
　　　　　　服務時間：週一至週五上午 09:30-12:00；下午 13:30-17:00
　　　　　　劃撥帳號：19863813；戶名：書虫股份有限公司
　　　　　　讀者服務信箱：service@readingclub.com.tw
　　　　　　城邦讀書花園 www.cite.com.tw
香港發行所／城邦（香港）出版集團
　　　　　　香港灣仔駱克道 193 號_ E-mail：hkcite@biznetvigator.com
　　　　　　電話：(852) 25086231　傳真：(852) 25789337
馬新發行所／城邦（馬新）出版集團【Cite (M) Sdn Bhd】
　　　　　　41, Jalan Radin Anum, Bandar Baru Sri Petaling, 57000 Kuala Lumpur, Malaysia.
　　　　　　電話：(603) 90578822　傳真：(603) 90576622

封 面 設 計／林曉涵
內 頁 排 版／林曉涵
印　　　刷／中原造像股份有限公司
經 銷 商／聯合發行股份有限公司　新北市231新店區寶橋路235巷6弄6號2樓
　　　　　　電話：(02) 29178022　傳真：(02) 29110053

■ 2017 年 12 月 26 日初版　　　　　　　　　　　　Printed in Taiwan

定價 320 元

OKUSURI MISOSHIRU 114
by IKUMI OHTOMO
Copyright © 2015 IKUMI OHTOMO
Original Japanese edition published by WANI BOOKS CO.,Ltd.
All rights reserved
Chinese (in Traditional character only) translation copyright © 2017 by
Business Weekly Publications, a division of Cite Publishing Ltd.
"Chinese (in Traditional character only) translation rights arranged with WANI
BOOKS CO.,Ltd.
through Bardon-Chinese Media Agency, Taipei."